普通高等学校"十四五"规划
艺术设计类专业案例式系列教材

建筑模型设计 与制作

（第二版）

主　编　陈祖蕃　赵春齐　肖学兵
副主编　庞康云

华中科技大学出版社
http://press.hust.edu.cn
中国·武汉

图书在版编目 (CIP) 数据

建筑模型设计与制作 / 陈祖蕃, 赵春齐, 肖学兵主编 . -- 2 版 . -- 武汉 : 华中科技大学出版社, 2024.1
ISBN 978-7-5680-9976-9

Ⅰ. ①建… Ⅱ. ①陈… ②赵… ③肖… Ⅲ. ①模型 (建筑) －设计②模型 (建筑) －制作 Ⅳ. ① TU205

中国国家版本馆 CIP 数据核字 (2023) 第 183732 号

建筑模型设计与制作（第二版）

Jianzhu Moxing Sheji yu Zhizuo（Di-er Ban）

陈祖蕃　赵春齐　肖学兵　主编

策划编辑：金　紫

责任编辑：郭雨晨

封面设计：原色设计

责任监印：朱　玢

出版发行：华中科技大学出版社（中国·武汉）　　电话：（027）81321913

　　　　　武汉市东湖新技术开发区华工科技园　　邮编：430223

印　　刷：湖北金港彩印有限公司

开　　本：889 mm×1194 mm　1/16

印　　张：9.5

字　　数：207 千字

版　　次：2024 年 1 月第 2 版第 1 次印刷

定　　价：52.80 元

前　言
Preface

建筑模型是建筑方案设计的高端表现形式。当传统设计图纸不能全面反映建筑空间关系时，建筑模型就能充分体现它的优势，能对形体结构纵深进行精确定位。现代建筑模型设计与制作不再是方案设计的附属，已经成为一门独立的学科课程，需要同学们用更多的时间与精力来潜心钻研。

精致华美是商业展示模型的追求目标，商业展示模型讲究表现效果，采用高档成品ABS板，通过精密数控机床加工，配置丰富多彩的光电设备，使研究性建筑模型望尘莫及。但是创意构思与空间形体仍旧是基础，材料与设备在不断更新，而创作思想却很难有所突破。因此，我们对建筑模型的认识应有所提高，要在商业竞争中抢占先机，还得从基础开始，在头脑中建立系统的知识体系，使建筑模型作品得到质的飞跃。

建筑模型的学习过程主要为设计创意、配置材料、加工制作3个阶段。

1. 设计创意。这个阶段可以分为创意设计与图纸设计两个层次，大多数情况下是对现有建筑设计方案进行归纳，既要完整反映原创方案的空间形体，又要对细部构造大胆概括，同时还须绘制模型制作图纸，将尺寸、比例、材料名称详尽地标注出来。模型设计图的深入程度并不亚于建筑设计图，只是受众面较窄，可以运用草图绘制软件表现。

2. 配置材料。材料是建筑模型制作的媒介，选配时要根据创意构思、表现目的、投资状况综合考虑。研究性建筑模型趋向于单色表现，对材料配置要求比较单一，而商业展示模型则要求质地丰富、效果出众。一般而言，建筑模型的材料选配比为1∶3∶6，即高档材料占10%，中档材料占30%，普通材料占60%。在条件允许的情况下，建筑模型以中低档材料为主，适当增添成品装饰板与配景构件，甚至可以配合照明器具来渲染效果，以有限的条件去创造无限的精彩。

3. 加工制作。现代建筑模型制作追求效率，会用到机械设备，这样既能提高制作速度，还能提升制作品质。学习建筑模型必须接触各种先进设备，了解行业发展状况。制作是建筑模型的生成途径，在学习过程中，制作工艺可以多种多样。同学们可以教材为依据自由发挥，任何日用品、文具、设备都可能成为模型制作的有效工具，创造出无穷的变化。建筑模型的学习过程既是研究过程又是创新过程。同学们在本书的指导基础上还要进一步开拓思维，创造新意。

习近平总书记在二十大会议中指出，教育、科技、人才是全面建设社会主义现代化国家的基础性、战略性支撑。在百年奋斗历程中，我们党始终重视教育、重视培养人才。习近平总书记高度重视科技和教育事业发展，围绕科技创新和教育工作作出一系列重要论述，强调要深入实施科教兴国战略、人才强国战略、创新驱动发展战略，完善国家创新体系，加快建设科技强国，实现高水平科技自立自强。

建筑模型设计与制作是微观的建筑设计与制作，是我国基础建设人才培养的重要课程之一，结合了科学的先进性与教育的融合性，是科技和教育事业完美结合的基础建设学科课程。学习研究建筑模型设计与制作方法，要根据本书深入浅出地了解建筑模型的起源发展、设计方法、材料选配与实践操作。本书针对普通高等院校建筑设计专业与环境设计专业特色进行解构，深度且全面地讲解了建筑模型的知识点。

本书由陈祖蕃、赵春齐、肖学兵担任主编，由庞康云担任副主编，编写分工如下：第一章建筑模型概述、第二章建筑模型设计由陈祖蕃编写；第三章材料与设备由赵春齐编写；第四章模型制作工艺由肖学兵编写；第五章模型制作步骤与精品赏析由庞康云编写。

编　者

目 录
Contents

章节导读

建筑模型是建筑设计与规划设计中不可缺少的表现形式，它以真实、立体的形象表现出设计方案的空间效果（图1-1）。目前，国内外建筑设计、规划设计、环境设计与展示设计等领域都要求制作模型来表达设计思想。建筑模型已经成为一门独立的学科。本章主要介绍建筑模型的概念、发展、种类、学习方法，同时增加了现代建筑模型企业考察，将理论与实践完全结合，为后期的设计、制作模型打好基础。

学习难度：★★★★☆☆

重点概念：项目、概念建筑、模型制作

第一节
建筑模型概念

建筑模型介于平面图纸与实际立体空间之间。它将两者有机地联系在一起，是一种三维的立体模型。建筑模型有助于设计创作的深入，可以直观地体现设计意图，弥补图纸在表现上的局限性。建筑模型既是设计师设计过程的一部分，也是设计的一种表现形式，被广泛应用于城市建设、房地产开发、商品房销售、环境艺术设计、工程投标与招商合作等方面。模型作为对设计理念的具体表达，成为设计师、开发商与使用者之间的交流"语言"，而这种"语言"就是在三维空间中构成的仿真实体。技术先进、功能复杂、艺术造型富有

■ c4d 模型

c4d 模 型 为 Maxon Cinema 4D 软件独立创建的模型体系。C4D 软件所导出文件的常用格式为 c4d，也可导 出 fbx、obj、c4d、3DS、dae、dxf 等 常用三维格式。C4D 软件具有文件体积小、渲染速度快的优点，集 SketchUp、ZBrush 等建模软件的功能于一体，为模型的创建提供了强大的技术支持。

图 1-1 建筑模型

变化的现代建筑，尤其需要用模型来进行设计创作。

在传统的建筑工程学中，模型是根据实物、设计图、创意思想等，按比例、形态或其他特征而制成的缩样小品，具有展览、绘画、摄影、实验、测绘等用途，常将木材、石膏、混凝土、金属、塑料等作为加工材料。现代建筑模型已经完全超越了传统建筑设计专业的模型，是一种用于城市规划、建筑设计、环境艺术设计等多学科的思维形象语言。现代建筑模型品种繁多，大到建筑规划模型，小到建筑内视模型，要求设计创意更前卫、制作材料更丰富、器械设备更先进、加工工艺更复杂，既具有表达设计思想的功能，又具备较强的艺术观赏价值（图 1-2、图 1-3）。

现代建筑模型是使用易于加工的材料，依照建筑设计图样或设计构想，按一

图 1-2 建筑规划模型

图 1-3 建筑内视模型

定比例制成的样品。在建筑设计中，建筑模型主要用来表现建筑或建筑群的面貌与空间关系，是一种有效的设计手段。

建筑模型需要以建筑群体、外观形体、平面布置、立面造型、结构组织等要素为主体，严谨地表现建筑构图、比例、尺度、色彩、质感与空间感，还要根据需要增添各种装饰、陈设物件，形成具有一定审美价值与装饰效果的设计作品。只有经过设计者与制作者的多方面考虑与处理，综合性艺术空间才具备设计研究、施工指导、展示推广等多方面的使用功能（图1-4）。

随着时代的进步，我国的建筑设计、艺术设计等行业都兴起了模型热。建筑模型因其直观的表现特性而被诸多设计师运用，通过丰富的想象力表现得淋漓尽致。现代设计中的产品设计、建筑设计、规划设计、展示设计与环境艺术设计等大部分领域都需要制作模型。虽然这些建筑模型的选材、工艺、配饰均不同，但是都要经过反复研讨、分析推敲、不断修改来达到最佳的效果（图1-5）。

第二节
建筑模型发展

一、明器与法

建筑起源于人类的劳动实践，是人类抵抗自然力的第一道屏障。在大型且复杂的建筑设计中，建筑都要以模型的形式作预先表达。

我国的建筑模型发展很早，其雏形是一种浇铸的型样（铸形），是用作供奉神灵的祭品，被放置在墓室中。我国最早的建筑模型是汉代的陶楼，作为一种明器随葬于地下。这种陶楼由土坯烧制而成，外观与木构楼阁的造型十分相似，雕梁画栋，十分精美。但它仅仅作祭祀随葬之用，与同期的鼎、案、炉、镜等器物并无异处。随着时间的推移，明器逐渐成为工匠们表达设计思想的工具（图1-6、图1-7）。

模型在我国古代被称为"法"，有"制而效之"的意思。东汉末年，公元121年成书的《说文解字》注解"以木为之曰模，以竹曰范，以土曰型，引申之为典型"。

图1-4 建筑展示模型

图1-5 研讨分析模型

在营造构筑之前，首先要利用直观的模型来权衡尺度，审曲面势，虽盈尺而尽其制。这是我国最早出现的模型概念。

唐代以后，仍有明器存在（图1-8），但是建筑设计与施工渐趋规范。朝廷下属工部主导建设营造，掌握设计与施工的专业技术人员被称为"都料"。凡大型建筑工程，除了要绘制地盘图、界画，还要求根据图纸制作模型，著名的赵州桥就是典型案例之一。这种营造体制一直沿用至今。

二、烫样

清代康熙年间至清末，擅长建筑设计与施工的雷氏家族负责宫廷建造，几代人任样式房"长班"，留传下来诸多建筑模型，历史上称之为"样式雷"烫样。

烫样即建筑模型，由木条、纸板等最简单的材料加工而成，包括亭台楼阁、庭院山石、树木花坛、水池船坞及室内陈设等几乎所有的建筑构件。这些不同的建筑细节按比例微缩，根据设想而布局。烫样既可以自由拆卸，也能够灵活组装。它使建筑布局与空间形象一目了然，是这个建筑世家独一无二的创举（图1-9）。

烫样虽被用于指导具体的施工，但需要得到皇帝的审查批准，批准之后，具体的施工才可以进行。今天，我们只能凭借这些几百年前的图纸来想象当年皇家园林建筑的盛况。规模浩大的圆明园凝聚着雷氏家族的心血，也是我国古建筑艺术的最高峰。

从形式上来看，"样式雷"烫样有两种类型：单座建筑烫样和组群建筑烫样。单座建筑烫样主要表现拟盖的单座建

图1-6　东汉明器

图1-7　东汉明器细部

图1-8　唐代明器组合

4

图1-9 清代"样式雷"建筑烫样

筑情况，全面反映单座建筑的形式、色彩、材料和各类尺寸数据。组群建筑烫样多以一个院落或一个景区为单位，除表现单座建筑之外，还表现建筑组群的布局和周围的环境布置。烫样按比例一般分为五分样、一寸样、二寸样、四寸样、五寸样等。五分样是指烫样的实际尺寸，每五分（营造尺）代表建筑实物的一丈，即烫样与实物之间的比例为 1 ∶ 200，一寸样为 1 ∶ 100，二寸样为 1 ∶ 50，以此类推。

烫样、图纸、做法说明三者共同支撑古建筑设计。三者各有分工侧重。烫样侧重于建筑的结构、外观，以及院落等小范围的组群布局，涵盖彩画、装修、室内陈设，是当时建筑设计中的关键步骤。烫样是根据建筑的设计情况按比例制成的，并标有明确的尺寸，所以它可以作为研究

古建筑的重要依据，弥补书籍与实物资料的不足。

中国古建筑以其独特的内容与形式自成一体，闻名于世。中国古建筑的艺术美是毋庸置疑的，而制作精巧、颇具匠心的烫样，是中国古建筑艺术成就的体现，彰显了劳动人民的智慧与技艺。烫样本身亦可作为艺术品来欣赏，具有一定的艺术价值。

烫样的历史性不仅在于它是两三百年前遗存的历史文物，还在于它是当时营造活动中最可靠的记录。研究烫样，不仅可以了解当时的建筑发展水平、工程技术状况，还可以从侧面了解当时的科学技术、工艺制作与文化艺术的历史面貌。

5

小／贴／士

烫样的制作方法

烫样是用纸张、秫秸、木料等加工制作而成的建筑模型。所用的纸张多为元书纸、麻呈文纸、高丽纸与东昌纸。木头则多用质地松软、较易加工的红松木或白松木。制作烫样除了需要簇刀、剪刀、毛笔、蜡版等工具，还需要特制的小型烙铁，以便熨烫成形，故得名"烫样"。烫样的制作分为墙体制作、屋顶制作与其他构件制作三部分。

1. 墙体制作

首先，将高丽纸（传统书画用纸）的一面刷上水，贴在一块备用板上，

另一面涂上水胶。然后，将元书纸、麻呈文纸等也涂上水胶，逐层贴在高丽纸上，黏合起来，晾干以后就形成了一张较硬的纸板，类似于现在的草纸板。以上是制作墙体的基本材料，墙体的厚度可根据需要增减。接着，依据设计所要求的形状、式样和大小进行裁剪，并在墙面上涂饰颜色或绘制图案。最后，进行黏合，形成最终完整的墙体。对于形体较大的烫样，山墙可以改用木板制作，以增加强度。

2. 屋顶制作

中国古建筑的屋顶是体现建筑特征的重要部位，其形式有庑殿、歇山、硬山、悬山、攒尖等。因此，制作屋顶的工序较墙体复杂。烫样的屋顶常采用"盔作"的方法。将瓷盆作为胎模，在瓷盆的外面先贴一层刷过水的纸，再在上面贴数层涂满糨糊的纸或堆上纸浆，晾干后即可揭下硬壳纸盆，在表面涂上颜色，就形成了"盔作"。烫样屋顶的做法与之相似。首先，根据设计要求的屋顶形式、尺寸，用黄泥做成胎模。然后，将一层高丽纸刷上水胶，贴在胎模上。接着，将两层麻呈文纸、两层东昌纸分别涂上水胶，粘在高丽纸的上面。晾干后就形成了所需要的屋顶硬壳。

3. 其他构件制作

烫样的柱、檩、枋、橼子等构件多用秫秸与木头制作，上面再敷饰彩绘。其制作工序与墙体的制作工序基本相同。烫样的内部有时还有一些室内陈设，如桌椅、床榻、几案等。制作工序与墙体、屋顶的制作工序基本一致，只是工艺更为精细。烫样是我国古代表现建筑设计意图的最佳形式。

三、沙盘

沙盘最早是军事将领们指挥战争的用具。它是根据地形图或实地地形，按一定比例用泥沙、兵棋等材料堆制而成的模型。军事上常将其用于研究地形、敌情、作战方案和实施训练。

沙盘在我国已有悠久的历史。据《后汉书·马援列传》记载，公元32年，汉光武帝征讨陇西的隗嚣，召名将马援商讨进军战略。马援对陇西一带的地理情况很熟悉，就用米堆成一个与实地地形相似的模型，借助模型详细分析战术。

1811年，普鲁士国王菲特烈·威廉三世的军事顾问冯·莱斯维茨，用胶泥制作了一件精巧的战场模型，用颜色将道路、河流、村庄、树林分别表示出来，用小瓷块代表军队与武器，将其陈列在波茨坦皇宫里，用来进行军事游戏。后来，莱斯维茨的儿子利用沙盘、地图表示地形地貌，以计时器表示军队与武器的配置情况，按照实战的方式进行策略谋划。这种"战争博弈"就是现代沙盘的基础。19世纪末至 20 世纪初，沙盘主要用于军事训练。第一次世界大战后，沙盘才在建筑设计中得到运用。

现代建筑沙盘应用广泛，除了用于军事、政治，还广泛应用于历史复原、城市规划、生产规划、休闲娱乐等领域，所制作的建筑、环境、陈设、人物极度逼真，在视觉感官上能让人产生共鸣（图 1-10、图 1-11）。

图 1-10 博物馆复原沙盘

图 1-11 电子地形沙盘

■ 微缩模型

将世界各国的名建筑、名景观微缩在一个区域，供人们集中参观，这样的主题园区在各国都很受欢迎。在中国，深圳于 1994 年建成的"世界之窗"，将世界奇观、历史遗迹、古今名胜融合，一直都是参观胜地。日本也建设了这样的微缩景观园区，日本的主题公园内有 120 件世界著名地标的微缩建筑模型，共耗资 140 亿日元（约合人民币 8.51 亿元）。除建筑模型外，展品还加入了人的元素，每个人（模型）约高 7.6 cm，展示着不同的场景和故事。游客表示建筑展品非常精致，细节做得很齐全，从照片上来看足以以假乱真。

四、现代模型

最早将模型用于建筑设计与施工的是古埃及。在金字塔的建造过程中，工匠们将木材切割成形，通过反复演示来推断金字塔的内部承重能力。木制模型要经过多次调整、修改，每次制作出来的模型表面都非常光滑。工匠们一丝不苟的态度造就了金字塔的辉煌。古罗马以后，建筑工程不断发展，模型成为建筑设计中不可或缺的组成部分。工匠们通常采用石膏、石灰、陶土、木材、竹材来组建模型，并且模型能随意拆装。这种制作方法对建筑结构与承载力学的研究有着巨大的推动作用，一直被沿用至今（图1-12、图1-13）。

14世纪文艺复兴以后，建筑设计提倡以人为本，对建筑模型要求与真实建筑

图1-12　用石膏与石灰制作的地形模型

图1-13　用榉木制作的概念模型

完全一致，在模型制作中注入了比例。菲利波·布鲁内列斯基的佛罗伦萨主教堂穹顶，在反复拼装、搭配模型后才求得正确的力学数据。17世纪，法国古典主义设计风格除了要求比例精确，还在其中注入"黄金分割"等几何定理，使模型的审美进一步得到升华。18世纪以后，资产阶级权贵又赋予建筑模型新的定义，即"收藏价值"。在建筑完工后，模型或被收藏在室内醒目的位置，或被公开拍卖，这就进一步提高了人们对建筑模型的质量要求。模型不再只是指导设计与施工的媒介，还是一件艺术品，要求外观华丽，唯美逼真，以至于社会上出现了专职制作模型的工匠与设计师。模型开始成为商品进入市场，并迅速被社会认可。

20世纪初，第二次工业革命完成以后，建筑模型也随着建筑本身向多样化方向发展，开始运用金属、塑料、玻璃、纺织品等材料进行加工制作，并且安装声、光、电等媒体产品，使模型的自身价值大幅度提升，于是建筑模型设计与制作成为一个独立产业迅速发展。20世纪70年代以后，德国与日本开始成为世界经济的新生力量，这两个国家基本上代表了世界建筑模型的最高水平，率先在模型中加入电子芯片来表现建筑模型的多媒体展示效果。同时，精确的数控机床与激光数码切割机也为建筑模型的制作带来了新的契机。21世纪以来，随着世界经济的高速发展，建筑模型中开始加入遥控技术，通过无线电来控制声、光、电综合效果，如地产展示模型、历史场景演示模型等（图1-14、图1-15）。

未来将会有更多制作材料被运用进来，建筑模型将朝着多元化方向发展。除了精确的切割设备与灵敏的遥控技术，还会加入各种新型材料与全新的创意思想（图1-16、图1-17）。

建筑模型设计的范围甚广，我们需要不断学习、探索，接触国际潮流与新事物。这是提高模型制作水平、增强设计构思能力的必由之路。建筑模型的设计理念是为人类社会的发展服务，希望模型设计师能够再接再厉，不断创新求变，创造出新的作品。

图1-14　地产展示模型

图1-15　历史场景演示模型

图1-16　简单装饰顶

图1-17　软装饰顶

第三节
建筑模型种类

建筑模型已有三千多年的历史，经历过无数次演变。现有的模型种类繁多，可以从不同角度来分析。不同类型的模型有不同的使用目的。分清模型类型能帮助我们提高认识，提高制作效率。

从使用目的上来划分，建筑模型可以分为设计研究模型、展示陈列模型、工程构造模型等。

从制作材料上来划分，建筑模型可以分为纸质模型、木质模型、竹质模型、石膏模型、陶土模型、塑料模型、金属模型、复合材料模型等。

从表现内容上来划分，建筑模型可以分为家具模型、住宅模型、商店模型、展示厅模型、建筑模型、园林景观模型、城市规划模型、地形地貌模型等。

从表现部位上来划分，建筑模型可以分为内视模型、外立面模型、结构模型、背景模型、局部模型等。

从制作技术上来划分，建筑模型可以分为手工制作模型、机械加工模型、计算机数码模型、光电遥控模型等。

建筑模型制作都有明确的目的，模型的制作规格、预算投入、收效回报等方面都会影响制作目的。这种商业化运作模式决定了现代建筑模型主要从使用目的划分。

一、设计研究模型

设计研究模型主要用于专业课程教学，是设计构思的一种表现手段。模型就像手绘草图，需要设计师尽可能发挥主观能动性去强化和完善（图 1-18）。这类建筑模型不要求特别精致，只要能在设计师之间、制作员之间、师生之间产生共鸣即可。这类建筑模型在选用材料上不拘一格，泡沫板、纸板、立方体甚至砖块都可以作为媒介使用。制作出来的成品模型，具有实用意义的可以长期保留，需要变更创意的可以随时拆除。然而，设计研究模型的本质在于引导设计、拓展思维，不能将这项工作流于形式、草草收场。在设计中一定要通过模型来激发设计师的创意，使之达到极限，这样才能获得完美的设计作品。设计研究模型又分为概念模型与修整模型两种。

1. 概念模型

概念模型比较抽象，也许不能成为模型产品，但是可以成为设计师扩展思维的路标，甚至成为其他设计师的路标。当想象一把椅子、一盏灯或其他任何现存的物件时，每个人心中都有一个大概的轮廓。在想象某个物件或用语言表达它时，我们都能想象出那种原型，或一个简化的最初印象。这并不意味着所有人想象的都一模一样。物体形态各异是由于人们的创造力不同，但是很多形态都能使人产生共鸣，因为它们是能识别的、形状怪异的、不寻常的、令人不安的，以及可以理解的。概念模型正是为了表达这种共鸣，让所有参与设计的人来评析，从而提高设计水平（图 1-19）。

设计领域的每个人都会用一种非常现实的态度去对待自己的想法，除了所有已

■ 油泥模型

油泥属人造材料。车类、船类模型用油泥制作极为方便。油泥可塑性强，黏性、韧性比黄泥（黏土模型）强。它在成型过程中可随意雕塑、修整，成型后不易干裂，可反复使用，且易于携带。

经摆在货架上的产品，都会尽力找到一种将自己的想法转化为商品的办法，从而得到他人的尊重。现代设计师有了更多的诗意，少了来自制作、生产、销售环节的禁锢。他们会为了表达某种感情、灵感或信念去留心一种合适的解决方案。在这种情况下，概念模型就成为一种表达不同故事、不同观点的途径。

2. 修整模型

当概念模型设计达到一定阶段后，就需要融合更多人的意见，根据合理意见进行修改、调整。概念模型的调整一般是指增加、减少或变换形体结构。这些改变进一步激发设计师的创意，使原有的概念得到升华（图 1-20）。不要将精力放在增加细节上，丰富的细节虽然能将模型变

图 1-18 设计研究模型

图 1-19 概念模型

图 1-20 修整模型

得更漂亮，但这不是设计研究模型的最终表现目的。

二、展示陈列模型

展示陈列模型又被称为终极模型，是表现成熟设计作品的模型，主要用于商业设计项目展示。它以华丽的外表、精致的细节、逼真的形态来打动观众，在房地产、建筑设计、环境艺术设计等行业受到欢迎（图 1-21、图 1-22）。

展示陈列模型不仅要表现建筑的实体形态，还要统筹周边的环境氛围。所有细节都要考虑周全，运用一切能表达设计效果的材料来制作，以得到唯美的装饰效果。

展示陈列模型在制作之前要经过系统的设计，包括平面图、顶面图、立面图、装配大样图，图纸要求标注尺寸（模型尺寸与建筑尺寸）、制作材料的名称。这类模型一般由多人协力完成，因此图纸必须完整，能得到全部制作员的认同。模型的

图 1-21　房地产规划展示模型

(a)

(b)

图 1-22　房地产内视展示模型

制作深度要大，根据具体比例来确定。一般而言，1∶100的模型要表现到门窗框架；1∶50的模型要表现到地面铺装材料的凸凹形态；1∶30的模型要表现到配饰、人物的五官与树木的叶片。

展示陈列模型制作周期长、投资大，非个人能独立完成的，一般都交由专业的建筑模型企业来制作。我国大中型城市均有规模较大的建筑模型制作企业。其设备齐全、技术先进，专门承接展示陈列模型的制作任务，采用机械加工，在提升建筑模型档次的同时，也创造了高额的经济效益。

三、工程构造模型

工程构造模型又被称为解构模型或实验模型，是针对建筑设计与施工中的细致构造而量身打造的模型。通过表现工程构造，设计师可以向施工员、监理和甲方来陈述设计思想，从而指导建筑施工顺利进行。

工程构造模型重点表现真实的建筑结构，而且能剖析建筑内部构造，并向外展示。工程构造模型按形式可以分为动态与静态两种。动态模型要表现设计对象的动感。它的工程构造具有合理性与规律性，如船闸模型、地铁模型等。静态模型只是表现出各部件间的空间关系，使图纸上难以表现的内容趋于直观，如厂矿模型、化工管道模型、码头与道桥模型等（图1-23、图1-24）。此外，还有部分特殊模型也能用于指导工程施工，如光能表现模型、压力测试模型、等样模型等。

1.光能表现模型

光能表现模型是建筑模型表现的特殊形式，用以预测建筑夜间的照明效果，在制作中采取自然照明与人工照明两种照明方式。为了更准确地预测环境气氛，光能表现模型要有精致的细部表现、色彩及表面效果的计划。这类模型常用于建筑外部灯光强度调试，也追求华丽光影效果，主要分为自发光与投射光两种类型，在博物馆、售楼部中运用最多（图1-25）。

2.压力测试模型

压力测试模型是用来测试模型抗压力与耐候力的装置。针对不同模型来选用材料组件，而且材料的拼接工艺与搭配方式要记录下来，为后期批量制作提供参照。

图1-23　厂区空间模型

图1-24　桥梁灯光模型

这类模型常用于建筑规划模型的批量制作。先制作一件具有代表性的模型构件，待测试合格后再批量制作（图1-26）。

3. 等样模型

等样模型的尺寸与建筑实体一样大。它是将设计方案直接制成实际尺寸的模型，包括1:1的建筑构件、家具构件等，表现尺寸空间与建筑局部。当然，只有遇到复杂设计构造时才会制作局部等样模型。等样模型一般作为试验样本。

现代工程构造模型也追求一定视觉审美效果，会加入更多声、光、电设备，所耗成本不亚于常规建筑模型。

图1-25　光能表现模型

图1-26　压力测试模型

第四节
建筑模型学习方法

建筑模型设计与制作是建筑设计专业与环境艺术设计专业的必修课。模型制作能让我们深入了解建筑形体构造，强化创意设计思维，提高动手操作能力，为今后的工作打下坚实基础。

建筑模型设计与制作是一门边缘学科，是集建筑学、景观学、设计艺术学、材料学、力学于一体的综合学科。在学习中，要不断地运用创造力，通过材料与制作将构想转换成现实。以下从五个方面来剖析建筑模型的学习方法。

一、培养概括能力

模型是对实物对象的微缩，在原则上应该完全表现实体建筑的尺寸、材料、细部结构等要素。但是，限于制作者在时间、精力、水平能力、制作条件、资金投入等方面均存在差异，无法完全还原建筑原貌，必须对原有建筑形体进行概括。

例如，现实建筑外部地面镶贴有砖石。按1:100比例制成建筑模型时，砖石的装饰效果要缩至1～3mm，而我们无法获取大量边长为1～3mm的小块贴片，于是就只能通过概括手法来处理，采用印刷有砖石纹理的纸板来粘贴地面，从而起到装饰效果（图1-27）。按同样的概括思维，可以将废弃的暖水瓶内胆碎片粘贴在模型底板上，用来模拟波光粼粼的水面（图1-28）。这类处理手法可以广泛应

图1-27　模拟砖石地面的纸板

图1-28　模拟水面的暖水瓶内胆碎片

用于各种建筑模型的地面、顶棚、门窗等结构上，高度的概括能让建筑模型制作达到事半功倍的效果。

二、精确计算比例

模型的真实性来源于正确的比例。这是建筑模型反映实体建筑的重要依据之一，同时也是模型区别于工艺品、玩具的主要特征。要对建筑模型进行精确计算，首先要绘制详细的设计图，将模型尺寸与建筑尺寸同步标注在图纸上，在制作时就一目了然了。通过对两组数字不断进行比较，加深制作员对模型尺度的印象，即使少数细部尺寸没有标注，也能通过比较得出相应的数据。

在实际操作中，还会遇到更多样

的比例问题。例如，原计划将模型定为1：40，在制作过程中却发现家具、树木、车辆等配件都没有1：40的成品件，这就需要采用各种材料来制作，并且要时刻以1：40的模型原样为基础，不能随意缩放。这样制作出来的模型产品才具有指导意义与商业价值（图1-29）。

三、熟悉材料特征

建筑模型与建筑实体一样，都是以材料为物质基础，经过施工、操作构建起来的。建筑的砖墙、门窗转换到模型中，可以采用纸板、PVC边条来制作。建筑模型的制作重点在于合理运用材料。这就要求制作员全面了解模型的材料特性，并且能将同一种材料熟练地运用于不同的部位。例如，0.5 mm厚透明胶片，既能用于玻璃门窗与幕墙，又能用于弧形阳光顶棚，还可以用于表现静止的水面（图1-30）。

材料的特性不同，加工手法也不同，一定要根据材料的性能处理。例如，1.2 mm厚彩印纸板常用于模型外墙，使用裁纸刀开设门窗时，纸板会因为裁切而产生内应力，向刀口划痕面弯曲，这样纸板就不平直了。在裁切过程中，应该从纸板的正反两面同时裁切。这些都需要在模型制作中不断学习、不断总结。只有掌握了各种材料的特征，才能制作出满意的模型。

四、创新制作手法

传统的建筑模型全都由手工完成，根据不同材料运用裁纸刀、剪刀、三角尺、圆规等不同工具来制作。随着工作效率的提高，现在需要更快捷、更简单的方法来制作建筑模型。

例如，根据建筑结构制作透明屋顶时，一般会用到透明胶片。传统的制作工艺是根据结构形体将透明胶片裁切成小块，再逐一将其粘贴至屋顶上，这样操作起来相当复杂。制作时，可以将透明胶片覆盖在模型构造上，用电吹风对透明胶片进行加热，以使受热软化的胶片很自然地呈现出屋顶的起伏结构，最后根据成型尺寸裁切边缘即可得到比较完美的透明屋顶（图1-31）。

建筑模型的制作手法要因环境和个人能力而异。环视周边一切可能利用的物品，将它们的作用发挥至极致。要做到这一点，就必须进行深度思考，不断地创新，只有这样才能取得完美的效果。

建筑模型的制作原则

1. 灵活把握原则

建筑构架部分是根据建筑图纸搭建的，由手工或电脑雕刻机将各立面的墙体做好后拼接而成。色彩及质感选用是关键的环节，有时模型的立面色彩看起来与最初构想有区别，但是安装好模型的阳台、门窗后，整体效果会大大提升。将模型放到底盘上，或者采用绿色植物搭配，都是模型制作艺术中的提亮与弱化等艺术手法。此外，不能按计算机效果图照本宣科，因为效果图的色彩是连续的光影关系，被选中的部分仅在效果图中是合理的。而模型与效果图中的着色肌理完全不同，光的反射原理也不同。

2. 写意原则

对于环境景观部分，树种的表现主要侧重于写意，花草的颜色主要侧重于表现美感。实际园林中盛开的花朵有红、黄、绿、蓝等多种颜色，色彩对比强烈，但在模型中真实地表现出来就会显得很杂乱，反而不美观。因此，实景与模型的像与非像问题，本身就是一种矛盾。像到极致则不像，似像非像则正像，其核心是抓住"神"，目的是确切地表现出环境绿化的风格和特点。

3. 主次分层原则

灯光的配备要根据景物的特点来进行。住宅区建筑和水景的灯光尽量用暖光源，常绿树的背景则用冷光源，路灯与庭院灯应整齐划一。色彩尽量丰富，以烘托整体环境气氛。需要强调的是度的把握，切忌灯火通明，导致周边场景喧宾夺主。

4. 收口衬托原则

收口即边缘修整，如边框、底台、玻璃罩等的包装部分。案名、比例尺、标牌等的收口一定要得体，而边框、底台、玻璃罩等并无定式，主要根据模型的规模大小、楼层高度、色彩及绿化风格、场地等因素来确定，以和谐、美观、大方为宜。

五、严谨的制作工艺

建筑模型是通过烦琐的制作工艺来完成的艺术品，在模型材料的基础上做精确定位、裁切、黏结、组装等一系列工序。在创作过程中，操作人员要静心思考，对任何一道工序都要进行反复比较，从而得出最妥善的解决方法。

例如，在模型制作中，经常要对各种板材作钻孔处理，尤其是坚硬的塑料、纸质材料，稍不留神就会扩大圆孔直径或造成材料劈裂，影响最终观赏效果。这时，可以采用打火机对小型螺丝刀刀头进行加热，因为红热的刀头能轻松钻入各种塑料板、硬纸板中。开孔直径根据选用的螺丝刀型号来确定。制作时应当细致、严谨，避免钻孔的位置发生偏移。对于较大孔，还可以利用钢笔帽、不锈钢管、金属瓶盖、子弹壳等成品器物来配合制作。这一系列操作的前提仍然是严谨的态度（图1-32）。

总之，严谨的操作并不会增加制作时间，反而会因工作效率的提高而节省时间，而且娴熟的制作技艺也是从严谨的操作中磨炼出来的。

图1-29 按比例制作模型配件

图1-30 用透明胶片制作出的玻璃幕墙与水面

图1-31 用吹风机加热透明胶片

图1-32 用已加热的螺丝刀钻孔

第五节
建筑模型考察

学习制作建筑模型，首先要了解模型，经过考察、观摩才有独立设计的依据。随着我国经济水平的不断提高，房地产行业突飞猛进。在城市里，我们随处都能见到售楼部里的建筑模型。宏伟的气势、精致的细节无一不刺激着购房者消费。此外，在博物馆（图1-33）、大中型企事业单位展厅、公共娱乐场所、模型设计公司等场所，我们都能见到新颖别致的建筑模型，并能从中领略该行业的独特魅力。

一、考察内容

考察不等于参观，要通过考察学习建筑模型的制作方法。从学习、观摩的角度来看，考察建筑模型可以分为3个层面。

1. 规划布局

建筑模型应设计合理，布局自然，建筑与建筑之间保留适当间距。绿化植物环绕周边，呈次序排列。道路清晰明确，以最短的行程满足最多的出行需求，主、次道路与单、双行线逻辑关系正确。建筑配套设施完善，分布均匀，能满足主体建筑的使用要求（图1-34）。

2. 细部构造

建筑模型的转角应严实，接缝应紧密，门窗构造要根据比例制作到位。室内模型要求能表现踢脚线、家具、家电、陈设品等细节。建筑外观模型要求能表现门窗边框、屋顶瓦片、道路边坎、绿化植被等细节。建筑规划模型要求外墙平直，表面光滑，主要配景形态统一。

3. 科技含量

概念研究模型要求能随意拼装和拆分，宜安装简单的照明设施来增强效果（图1-35）。商业展示模型除了安装灯光，最好能配置背景音乐与机械传动装置，采用无线遥感技术控制。未来建筑模型还能利用环保材料与再生材料，在保证质量的同时，降低制作成本。

二、建筑模型企业运营

建筑模型企业是指专门从事建筑模型设计、制作、组装、维修一条龙服务的营利性单位。随着我国建筑设计、环境艺术设计领域的发展，国家与社会对建筑模

图1-33 博物馆建筑模型

图1-34 建筑规划模型

型的需求量增大，不仅需要优质、精美的模型产品，还对模型的制作速度提出更高的要求。建筑模型企业是顺应时代发展的产物，具有广阔的市场。我国大中型城市中都有规模较大的建筑模型企业（图1-36）。其营业面积超过 2000 m²，各种技术人员超过 50 人，并与当地建筑设计院、高等设计院校保持长期合作关系。它们主要承接房地产企业的楼盘建筑模型与建筑设计院的方案模型的制作，同时也制作博物馆复原模型、区域规划模型、工业模型、高校教学研究模型等。

考察建筑模型企业有助于提高初学者对建筑模型的认识，熟悉当今建筑模型的发展状况，了解最真实、最高端的模型产品，从而提升学习兴趣，明确模型的设计制作目标。自己动手制作虽然会受到各种条件限制，但是建筑模型企业也有徒手操作内容。比较两者的差异，能够激发制作欲望。

建筑模型企业的经营范围广，制作工艺多样，人员配置齐全。大中型建筑模型企业一般包括设计部、基础部、雕刻部、组装部、电工部、维修部、业务部等

分支部门。设计部主要将模型需求单位（甲方）提供的建筑设计图纸转化为模型雕刻图。转化方法为重新抄绘，或在现有 AutoCAD 的 dwg 格式图纸上修改。同时，还会对建筑模型的组装、外饰、电路进行重新设计，以满足其他部门的制作需要。模型图纸绘制完毕后就移交给基础部与雕刻部。基础部主要制作模型底盘、支架、展台等构造，基础构造多采用木龙骨、木芯板、型钢制作，外表采用铝塑板、不锈钢板铺贴，或喷涂油漆。部分内视模型还需要采用有机玻璃板或钢化玻璃制作外罩。此外，基础部还从事道路、树木等配饰的批量加工，为后期组装打好基础（图1-37、图1-38）。雕刻部采用各种雕刻机来制作模型的墙板、楼板等主要构件，尤其是门窗较多的高层建筑，雕刻机能在短时间内完成，大幅度提高制作效率（图1-39、图1-40）。雕刻完毕的模型构件移交给组装部，这里主要由技术员徒手操作，使用各种胶黏剂、焊枪将雕刻板件组装起来。此阶段的制作时间最漫长，要求技术员具有很好的耐心（图1-41、图1-42）。在组装的同时，电工部也会介

19

图 1-35　概念研究模型

图 1-36　建筑模型企业车间

20

入布置线路，并安装发光灯具、电动设备。通常，模型底盘与模型构件上的电路安装会同步进行。建筑模型全部制作完毕后，就会交给维修部与业务部负责人运送到需求单位（甲方）指定地点，并进行调试。大型建筑模型的售后维修期一般为1年，但人为损坏不在维修范围内。业务部常年与各模型需求单位（甲方）保持联系。如果模型品质与价格适中，大多数模型需求单位（甲方）都会与建筑模型企业长期合作。

　　一件底盘规格为1800 mm×2000 mm的单幢高层建筑模型，从承接到交付一般只需10天左右。如果业务不太繁忙，周期还会缩短。大中型建筑模型企业是通过高效率来占领市场的。

三、建筑模型价格分析

　　建筑模型价格一般是根据模型的复杂程度、选用材料、技术要求和交付时间来确定的。建筑模型企业在承接业务时一般不会立即给出报价，待设计部分析图纸并与业务部协商后才会报价。

　　这里还是以一件底盘规格为1800 mm×2000 mm的单幢高层建筑模型为例。它的外墙板由2 mm厚的ABS板雕刻组装而成，门窗玻璃采用1 mm厚的透明PC耐力板制作，并安装LED发光二极管照明电路。底盘包括高800 mm的展示台柜，全部采用木龙骨、木芯板制作，外贴4 mm厚的铝塑板。底盘上铺装草坪纸，并安装各种绿化树木、路灯和景观，配置少许车辆和行人。全部制作材料

图1-37　树木批量制作

图1-38　模型底板制作

图1-39　机械雕刻

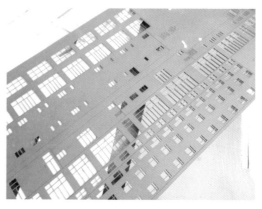

图1-40　雕刻板

约为 2000 元，人工费约为 3000 元，企业的综合经营成本约为 3000 元（包括厂房租赁、设备损耗、水电费、售后服务、管理等），企业综合利润为 6000 ~ 8000元。这样即可得出这件建筑模型的报价为15000 元左右，部分高效的品牌企业的报价可能会达到 20000 元。

由此可见，建筑模型的材料成本并不高。虽然采用雕刻机、切割机加工，但是主要技术工艺还是集中在人工装配上，因此需要消耗较多的时间。大中型企业的运营成本很高，大型厂房、设备都需要资金来维持。此外，单一从事建筑模型组装的技术员入行门槛较低。为了规避人员流动带来的风险，企业还会投入资金提高员工的福利待遇。这样，企业的综合经营成本

与利润就占据较大比重，以换得优质的产品与高效的服务。

也有一些小型建筑模型企业对模型产品的定价较低。他们不仅采用廉价材料，而且降低人工成本，聘用非专业人员从事组装，造成模型品质低下的后果。综合看来，这类企业在建筑模型行业中无太大竞争优势，因为委托建筑模型企业来制作模型产品的多为房地产企业与建筑设计院，他们更多关注的是模型的品质而不是价格。

第六节
案例分析：临湖住宅区建筑模型

这件模型是临湖商业住宅区。它利用厚透明胶片来表现静止的水面，生动逼真。模型主要表现住宅区、园林景观规划等特色构造，在制作过程中强调精细的工艺（图1-43~ 图 1-51）。

图 1-41 建筑模型组装

图 1-42 建筑模型组装完成

图 1-43 临湖住宅区模型 1

图1-44 临湖住宅区模型2

图1-45 临湖住宅区模型3

图1-46 临湖住宅区模型4

图1-47 临湖住宅区模型5

图1-48 临湖住宅区模型6

图1-49 临湖住宅区模型7

图1-50 临湖住宅区模型8

图1-51 临湖住宅区模型9

思考与练习

1. 简述建筑模型的基本概念。

2. 简述烫样的主要制作工艺。

3. 制订建筑模型设计与制作的学习计划。

4. 考察建筑模型企业或商业展示模型，试分析其特点。

章节导读

建筑模型制作前需要进行详细设计，主要包括建筑设计与模型设计两个层面。前者是对建筑形体、结构、风格、环境等要素的创意构思，是形体结构从无到有的创造过程，需要设计师多方考虑，并征求甲方单位、业主的意见后进行修改。后者是对模型的设计，在已经确定的建筑方案设计基础之上，重新确定尺寸、比例、材料、工艺，为模型制作提供全面参照。建筑设计是模型设计的重要依据，而模型设计是建筑设计的微观表现（图2-1）。

学习难度：★★★★☆

重点概念：空间创意、设计图、比例尺

第一节
设计步骤

初学建筑模型时，可以参照现有的建筑实体，考察、测量后将获取的数据重新整合，绘制成图纸，再将其运用到模型设计中。高端商业模型则直接对照建筑设计方案图进行加工。两者的依据虽然不同，但是目的及对建筑模型设计的要求基本一致。

一、分析设计要求

设计要求一般来自建筑模型的管理

■ 如何 DIY 建筑模型？

首先要有用于参考的资料。3D 模型比图纸更好。其中，SketchUp 模型算是首选。然后，要根据想做的模型推算大致尺寸，选择合适的工具。至于模型材料，PVC 板这样的板状材料是最基础的。另外，轻木也是不错的板状材料。因为是出于兴趣的 DIY，所以完全可以慢工出细活。在 SketchUp 中按照材料厚度模拟一下，也可以先做几个小比例的实体草模或局部模型。先将做模型的思路理顺，会减少很多麻烦。

图 2-1　建筑模型设计

者与使用者。他们会根据建筑模型的具体应用情况提出设计要求。在学习与研究过程中，要求来自教师，他们会根据教学大纲与行业发展状况来设定教学目的，引导模型设计与制作，使学生深刻领悟专业知识。在商业展示应用中，设计要求来自开发商和投资业主。他们会根据多年积累的业务经验设定要求，追求真实、华丽的展示效果，希望制作者提高制作效率，如期交付。

分析设计要求首先要注意倾听对方的要求，不宜随时打断，在交谈中作简单记录，待总结完毕后再针对疑惑提问，并对解答进行记录。能被记录下来的设计要求一般分为以下 3 点。

1. 功能

功能包括建筑模型的展示场所、参观对象、使用时间、特技要求等。尤其要询

问是否加入灯光、动力、水景、多媒体等特殊设备，这些元素需要经过特殊设计才能与建筑模型相融合。

2. 形式

形式包括建筑模型的设计风格、图纸文件、缩放比例等。尤其要获得建筑原始设计图纸，最好是 dwg 格式的施工图，并确定模型的制作比例。

3. 技术

技术包括建筑模型的投资金额、指定用材、完成期限、安装与拆除的方式等。尤其要询问投资金额，或根据以往案例价格给出初步报价，当价格协商妥当后才能进行设计制作。

将上述问题记录下来认真分析，迅速向对方提出自己的设计观念，沟通达成一致后即可实施。在商业建筑模型中，设计要求会作为合同条款写进合同里。这对双

方是很好的约束。其中价格是重点，它直接影响到模型质量与商业利润。

二、图纸绘制

建筑模型设计图纸必须详细。其内容的完善程度并不亚于建筑设计方案图，主要包括创意草图和施工图两部分。

1. 创意草图

草图是设计创作的灵魂。设计师需要依靠草图来激发创作灵感，绘制详细的创意草图。图纸在线条与笔画中不断演进变化。创意草图可以很随意，但不代表可以胡乱涂画。每次落笔都要对创意设计起到实质性的作用（图 2-2）。

创意草图的表现形式因人而异。最初可以使用绘图铅笔或速写钢笔作构思，然后不断增加设计元素，减少烦琐构造。所取得的每一次进展都要重新抄绘一遍。抄绘是确立形体的重要步骤。设计师在抄绘过程中可以不断完善创意细节。确定形体后可以使用硫酸纸拷贝一遍，并涂上简单的光影或色彩，使之能用于设计师之间的交流（图 2-3）。修改后可以采用计算机草图绘制软件来完善，逐步加入尺寸、比例和材料标注。

2. 施工图

施工图主要用来指导模型的加工制作，在创意草图的基础上加以细化，主要明确模型各部位的尺寸、比例。图面上还须标注所使用的材料与拼装工艺。相较于建筑设计方案图，施工图内容并不简单。施工图一般包括整体平面图、主要立面图、电路设备示意图等内容。

传统的施工图采用绘图工具手工绘制，消耗大量的时间。AutoCAD 软件的出现使制图效率大幅度提高（图 2-4），并逐渐取代了传统制图。AutoCAD 的另

图 2-2　建筑模型草图绘制

图 2-3　创意草图光影与色彩

图 2-4　AutoCAD 施工图

一大优势是，用该软件绘制的矢量图可以转换到数控机床中进行切割，生产建筑模型的拼装板块。这进一步提高了模型的制作效率，提升了质量。

施工图是建筑模型制作的重要依据，要求精确定位，严谨制图，以保证建筑模型的最终效果。在习作模型设计中，施工图需要单独绘制；在商业展示模型设计中，施工图可以在建筑设计方案图的基础上简化或转换。

三、材料搭配

建筑模型的制作材料非常丰富，要根据设计要求与投资状况综合考虑。在没有特殊要求的情况下，一般可按 1 ∶ 3 ∶ 6 划分，即将全部模型材料按数量、种类平分为 10 份，10% 的高档材料用于点缀局部细节，如建筑门窗、路灯围栏、人物、车辆等成品物件；30% 的中档材料用于表现模型主立面外观，如装饰墙板、屋顶、台阶、草地、树木等半成品物件；60% 的普通材料用于模型内部构造与连接，如墙体框架（图 2-5）、地基板材、胶水、油漆颜料等。

在经济条件允许的情况下，可以适度采用成品件或半成品件。这样可以大幅度提高工作效率。但是，不要过分依赖成品件，因为它们受制于设计风格与缩放比例，并不是所有风格和比例的配饰品都能买到。在概念模型中，大多数配饰品仍然需要单独制作。如果建筑模型的投资成本有限，也可以灵活处理，收集废旧板材用于基层制作，表面材料可以灵活选配。例如，砖块纹理墙板可以用不干胶贴纸替代；植绒草皮纸可以用染成绿色的锯末替代；纸板之间的粘贴可以使用双面胶或白乳胶，而不一定全部使用模型胶。

建筑模型最终还是由材料拼装而成的，尤其是商业展示模型。材料的种类一定要丰富，不能局限于 KT 板、纸板、贴纸、胶水几种万能原料，在必要时可以增加几种不同肌理质感的 ABS 板与 PC 透明板（图 2-6）。不同材料相互穿插搭配，才能达到丰富、华丽的装饰效果。

四、加工制作

在建筑模型设计中要考虑加工制作的可行性，反复评估制作中可能出现的问题，

图 2-5　建筑模型墙体材料

图 2-6　ABS 板与 PC 透明板搭配制作

SketchUp 草图绘制软件

SketchUp 草图绘制软件是当今比较流行的建筑设计绘图软件。它主要针对建筑初步设计，能快速建立虚拟三维模型。该软件界面简洁，易学易用，命令极少，完全不同于其他各类设计软件，操作比较简单，即使不懂英语也能顺利使用。

SketchUp 使得设计师可以直接在电脑上进行构思。随着构思不断清晰，细节不断增加，最终形成的模型可以直接在其他具备高级渲染能力的软件中进行最终渲染。这样，设计师可以最大限度地控制设计成果的准确性（图2-7）。SketchUp 直接针对建筑设计和室内设计，设计过程中的任何阶段都可以作为直观的三维成品，甚至可以模拟手绘草图的效果，解决了与甲方交流不及时的问题。形成的模型为多边形建模类型，但是极为简洁，全部是单面。在软件中可以赋予表面材质和贴图，并且有 2D 和 3D 配景（可单独制作）。形成的图面效果类似于钢笔淡彩，使得设计过程的交流完全可行。它能方便地生成任何方向的剖面，并可以形成可供演示的剖面动画。它能设定建筑所在的城市和时间，并能实时分析阴影，形成阴影的演示动画。

在建筑模型设计中，SketchUp 不仅可以用于表现最终草图，而且可以用来绘制模型施工图。它所提供的表现效果和尺寸比例完全能满足建筑模型的设计需求。

（a）

（b）

图 2-7　SketchUp 建筑草图

并提出一些解决方法。建筑模型制作要求精致、严谨，裁切材料时精度要高，拼装组合时要紧密严实。建筑模型主要有以下3 种制作形式。

1. 手工制作

手工制作是建筑模型的基础制作方法。设计师极力发挥创意，运用多种材料综合加工。手工制作的工具比较简单，主要是裁纸刀、剪刀、胶水、三角尺等基础工具，结合剪切、粘贴、固定、涂装等工艺便能满足大多数条件下的制作要求（图2-8）。手工制作的模型形式多样，但是精度不高，制作手法因人而异，用于大型商业展示时往往显得力不从心。

2. 机械加工

机械加工是采用切割、整形机械对特定模型材料进行加工，使得模型精度大幅度提高，工作效率突飞猛进。但是机械加工要求配备专用的操作房间，而且各种板材经机械加工后，边角余料基本失去了再利用的价值，因此制作成本较高。此外，机械加工只适用于与机械工具相搭配的特殊板材，造成模型形式单一。如果要添加装饰，还得通过手工制作来弥补（图2-9）。

3. CAM装配

CAM即计算机辅助制造（computer aided manufacturing）。它的核心是计算机数值控制（简称数控），是将计算机应用于制造生产过程的系统（图2-10、图2-11）。数控的特征是由编码在穿孔纸带上的程序指令来控制机床。机床能从刀库中自动选择刀具并自动转换工作位置，能连续完成钻、绞、攻丝等多道工序。这些都是通过程序指令控制运作的，只要改变程序指令就可以改变加工过程。

建筑模型制作领域正在推广CAM装配。首先通过计算机绘制线形图，绘制的同时指定尺寸，将图形框架传输给数控雕刻机或裁切机，让其自动切割出模型板件，

图2-8 手工制作

图2-9 机械加工

图2-10 CAM雕刻机

图2-11 CAM雕刻成型板材

最后将板件进行简单装配即可。高档智能CAM还能自动装配，最终提供模型成品。CAM与普通机械加工不同，采用全电脑控制。在雕刻与裁切过程中，制作者不必接触板材与刀具，大幅度提高了操作的安全性与准确性。

五、拍摄存档

建筑模型制作完毕后，需要对作品进行拍摄存档，便于日后总结经验或推广。

照相机尽量选用近距模式，采用三脚架固定，必要时可以为建筑模型布置照明灯、反光板、柔光罩等设备，保证拍摄效果。

建筑模型的拍摄角度尽可能多样，鸟瞰（图2-12）、远景、近景（图2-13）、特写应该一应俱全。大型商业展示模型还可以利用摄像机作动态环绕记录。数码影像作品要传输至计算机作后期优化处理，最后打印成册或刻录光盘永久保存。

第二节
空间类型

一、内部空间

建筑空间有内外之分。但是在特定条件下，室内外空间的界线似乎不太明晰。内部空间是建筑师为了某种目的或功能，用一定的物质材料与技术手段从自然空间中围隔出来的。它与人的关系最密切，对人的影响也最大。它应当在满足功能要求的前提下具有美的形式，以满足人们的审美需求。建筑模型的表现大多依靠墙体的围合，这样能更直观地区分空间内外（图2-14）。

对于公共活动空间而言，过小或过低的空间会使人感到局促或压抑。这样的尺度感也会有损它的公共使用功能。因此，公共活动空间一般应具有较大的面积与较高的高度。只要实事求是地按照功能要求来确定空间的大小，一般都可以获得与功能性质相适应的尺度感。

最常见的室内空间是呈矩形平面的长方体。空间长、宽、高的比例不同，形状

图2-12 鸟瞰拍摄

图2-13 近景拍摄

32

也可以有多种多样的变化。不同形状的空间不仅会使人产生不同的感受，而且还会影响人的情绪。

完全封闭的房间会使人产生封闭、阻塞、沉闷的感觉；相反，若四面临空或揭开顶棚，则会使人感到开敞、明快与通透（图2-15）。由此可见，模型空间是围还是透，将会影响人们的心理感受与情绪。

在建筑空间中，围与透是相辅相成的。只围不透的空间会使人感到闭塞；只透不围的空间虽然开敞，但处在这样的空间中犹如置身室外，这也是违反建筑设计初衷的。因而对于大多数建筑而言，总是将围与透这两种互相对立的因素统一起来考虑，使之既有围，又有透，该围的围，该透的透。在建筑模型设计中，要预先保留门窗等开放构造，处理好"透"的面积，并考虑在后期制作时还要为这些空间做哪些细部处理。

空间是由面围合而成的。一般的建筑空间为六面体。这六面体分别由顶面、地面、墙面组成。处理好这3种要素，不仅可以赋予空间特性，而且还有助于保证它

的完整性。顶面与地面是形成空间的两个水平面。顶面是顶界面，地面是底界面。建筑模型的地面处理比较复杂，需要制作台阶，使用不同材料。顶面的处理相对简单，然而顶面与结构的关系比较密切，在处理顶面时不能不考虑顶面对结构形式的影响。因此，用于表现内部空间的建筑模型一般不做顶面，甚至墙面都可以用透明有机玻璃板来代替，只在地面上布置家具、陈设品等物件（图2-16）。

二、外部空间

建筑模型的外部形式是内部空间的反映。内部空间包括形式与组合情况，必须符合建筑功能。建筑体形不仅是内部空间的反映，也间接地反映建筑功能的特点。正是千差万别的功能赋予建筑体形以千变万化的形式。一幢建筑，不论它的体形怎样复杂，都是由一些基本的几何形体组合而成的。只有在功能与结构合理的基础上，将这些要素巧妙地结合为一个有机的整体，才能使建筑呈现统一的效果（图2-17）。

图2-14　墙体围合空间

图2-15　揭开顶棚

传统的建筑审美理论十分重视主从关系的处理，认为一个整体的完整统一意味着组成整体的要素必须主从分明。这一规则在传统的建筑中，特别是在形体比较端庄的建筑模型中体现得最为突出。其中央部分较两翼部分要凸出很多（图2-18）。只要能够善于利用建筑的功能特点，以这种方法来突显中央部分，就可以使中央部分成为整个建筑的主体与重心，并使两翼部分处于它的控制之下即从属于凸出的主体。这类突显主体的方法很多。在对称形式的建筑模型中，中央部分往往具有较大或较高的体量。少数建筑模型还可以借助特殊形状来达到削弱两翼或加强中央构造的目的。

墙面处理不能孤立进行，因为它必然要受到内部房间划分、层高变化的影响，以及梁、柱、板等结构体系的制约。组织墙面时必须充分利用这些内在要素的规律性，使墙面既美观又能反映内部空间与结构的特点（图2-19）。

在任何类型的建筑中，为了使重力分布均匀，构件整齐划一，将承重结构柱网或承重墙沿纵、横两个方向作等距离或有规律的布置，会为墙面处理，特别是获得建筑的韵律感，创造十分有利的条件。

对建筑模型进行墙面处理，最简单的方法就是均匀地排列窗洞（图2-20）。

图2-16　透明隔断的外观模型

图2-17　建筑模型的外部空间用房

图2-18　中央突出的空间造型

图2-19　复杂的墙面处理

由于开间、层高都有一定模数，建筑的结构网格是整齐的。为了正确反映这种关系，窗洞整齐均匀地排列。虽然这种墙面常流于单调，但如果处理得当，效果也不错。例如，将窗与墙面上的其他要素（墙垛、竖向分割线、槛墙、窗台线等）有机地结合在一起，并交织成各种形式的图案，同样也可以获得良好的效果。有些建筑虽然开间一致，但为适应不同的功能要求，层高不尽相同。利用这一特点，可以采用大窗、小窗结合的形式，使用一个大窗与若干小窗相对应的处理方法。这不仅能反映内部空间与结构的特点，而且还具有韵律美（图2-21）。

建筑模型设计中构造最简单的是建筑外墙。只要根据各立面设定尺寸，就可以按部就班地裁切、组装。但是最复杂的也是外墙。过于简单的墙体装饰不符合观众的审美情趣，需要将简单的围合墙体根据设计要求复杂化，如局部凸凹、变换材质、增加细节、精致转角等。这些处理手法都需要在空间设计中明确。

小 / 贴 / 士

调整建筑模型中的"习惯空间"

不同大小的空间，往往使人产生不同的感受。确定空间大小时，必须将功能使用要求与心理感受要求统一起来考虑，使之既实用，又能按照一定的艺术意图给人某种感受。在一般情况下，室内空间的体量大小主要是根据房间的功能来确定的，但是某些特殊类型的建筑，如纪念堂、剧院、大型公共建筑等，为了营造宏伟、博大的气势或神秘的气氛，室内空间的体量往往超出功能使用要求。在模型设计时，首先要明确该空间的用途，根据功能来设定空间大小。

初学模型设计时，容易有"习惯空间"的感觉，即随意制作出符合自己心理、能力、感觉等个人习惯的空间体量。这种"习惯空间"往往出现在同一个制作者身上。例如，原本计划设计一座两层住宅与一座30层商务楼，但是完成后发现，两座建筑模型体量感觉差不多。如果仔细观察，不难发现两座建筑的门窗形态也区别不大。因此，在进入模型设计之前，就应该对个人的"习惯空间"进行重新调整，一切从实际出发，久之则能培养出正确的空间感。

三、空间组合

任何建筑，只有当与环境融合在一起并与周围的建筑共同组合为一个统一的有机整体时，才能充分展现它的价值与表现力。如果脱离了环境而孤立存在，即使本身尽善尽美，也不可避免地会因为失去了烘托而大为减色。要想使建筑与环境有机地融合在一起，必须从各个方面来考虑两者之间的影响与联系。

外部空间具有两种典型的形式。一种是以空间包围建筑。这种形式的外部空间被称为开敞式的外部空间（图 2-22）。另一种是以建筑实体围合而形成的空间。这种空间具有较明确的形状与范围，被称为封闭式的外部空间（图 2-23）。但在实践中，外部空间与建筑体形的关系却并不限于以上两种形式，还有各种介于其间的半开敞或半封闭的空间形式。

空间的封闭程度取决于它的界定情况。一般而言，四面围合的空间封闭性最强，三面的次之，两面的又次之。当只剩下一幢孤立的建筑时，空间的封闭性就完全消失了。这时将发生一种转化，由建筑围合空间转化为空间包围建筑。同是四面围合的空间，由于围合的条件不同会有不同程度的封闭感：围合的界面越近、越高、越密实，其封闭感就越强；围合的界面越远、越低、越稀疏，其封闭感则越弱。将若干外部空间组合为一个空间群，如果处理得宜，利用它们之间的分割与联系，既可以借对比来求得变化，又可以借渗透来增强空间的层次感。此外，将众多的外部空间按一定次序连接在一起，还可以形成统一完整的空间序列，形成次序美（图 2-24）。

建筑模型中，不同空间的组合能破除单一形体的枯燥。由于大多数建筑模型比实际结构小很多，将不同形体相互穿插，营造出多重转角、走道、露台等，可以进一步丰富模型作品。主体建筑与周边环境也要协调一致，道路、绿化、附属建筑甚至可以穿插到主体空间中，并与之有机地结合起来（图 2-25）。

图 2-20 均匀地排列窗洞

图 2-21 大窗与小窗组合

图 2-22 开敞式的外部空间

图 2-23 封闭式的外部空间

图 2-24 空间序列组合

图 2-25 多空间组合

小/贴/士

把握建筑空间的体量

体量是建筑内部空间的反映。为适应复杂的功能要求，内部空间必然具有差异性，而这种差异性又不可避免地要反映在建筑外部组合上。巧妙地利用这种差异性，能让建筑空间富于变化。

在体量组合中，建筑空间的均衡很重要。具有重量感的建筑一旦失去了均衡，就可能让人产生轻重失调的感觉。在传统建筑的体量组合中，均衡可以分为两大类：一类是对称形式的均衡；另一类是不对称形式的均衡。前者较严谨，能给人以庄严的感觉；后者较灵活，可以给人以轻巧和活泼的感觉。建筑的体量组合究竟取哪一种形式的均衡，则要综合考虑建筑的功能要求、性格特征及地形、环境等条件。

第三节
设 计 要 素

一、形体结构

建筑空间的形体多种多样，单凭个人很难创造出特异、美观的形体。形体结构的设计应该以建筑功能空间为依据。完善空间设计后，再来美化形体结构，使建筑模型外观趋于完美。建筑形体结构的创意方法主要有以下3种。

1. 仿生结构

仿生结构即仿照自然界的生物形态的建筑结构。从自然界中捕捉能激发设计师创作激情的东西，如花朵、树枝、动物，甚至各种工业产品。同样一件参照物在不同设计师的眼里是不同的。将它们的形体特征抽象出来，附着在建筑空间内外，这样构成的建筑具有独特的造型，鲜少与现有建筑重复（图2-26、图2-27）。

仿生结构的关键在于提炼。将自然对象中能利用的元素提取出来，不能运用的元素则不考虑，避免建筑的形态影响其使用功能。一般而言，初次构思的形态比较完美，但是要与建筑紧密结合起来从而落

实到细节上就很困难了。在适当的时候可以牺牲部分形体特征以满足建筑的正常使用功能。

2. 几何结构

几何结构比较简单，常见的几何形有圆形、方形、矩形、三角形、梯形等。可以将这些几何形直接用到建筑形体上（图2-28、图2-29），如建筑平面布置、单元空间、门窗造型等。在运用几何形时要注意保持完整，随意将整形切割开来再拼接会造成很牵强的效果。此外，采用几何结构形体要注意相互穿插，避免平行放置造成的僵硬感。

3. 补美结构

补美就是创意思维过程中，按照美的规律，对尚不完美的对象进行加工、修改、完善，以至重建、重构的创意方法。根据范围、深度，补美可以分为添补、全补、特补3类。添补是为已经完成的建筑模型增添新的构造，使其达到较美的效果（图2-30）。全补是对原对象进行彻底改变，全面更新，是一种重构、重建式的整体补美，主要针对配饰简单的概念模型。特补即采用特别巧妙的补美方法，在建筑模型中的底盘等部位增添特殊构造，使建

图2-26 仿鸟巢模型

图2-27 仿树根模型

筑模型整体效果以巧制胜，妙趣横生（图2-31）。

建筑模型形体结构一般比较单一，因此丰富细节、增加形体构造十分有必要。但是，增加的装饰形体应与原有建筑形体保持和谐统一，不能增添与原有模型风格相悖的构造。

二、比例

建筑模型设计与建筑图纸设计一样，都要求具备准确的比例。比例是建筑模型设计方案实施的主要依据，也是模型区别于工艺品和玩具的要素。在建筑模型设计之初，就应该根据设计要求确定模型比例。现代建筑模型根据比例大小，一般可以分为以下4种形式。

1. 建筑规划模型

建筑规划模型体量较大，要根据展示空间来确定比例。为了达到表现目的，城市规划模型一般定为1∶2000～1∶3000，能概括表现城市道路、河流、桥梁、建筑群等主要标识物；社区、厂矿规划模型一般定为1∶800～1∶1500，能清晰表现建筑形体和道路细节；学校、企事业单位、居民小区规划模型一般定为1∶500～1∶800，能细致表现建筑形体与各种配饰品（图2-32）。

2. 建筑外观模型

建筑外观模型重点在于表现建筑的外部形体结构与色彩材质，是体现建筑设计的最佳方式。建筑外观模型的比例也要根据自身尺寸来定制。高层建筑、

图 2-28　矩形结构模型

图 2-29　方形与曲线形结构模型

图 2-30　添补矩形装饰构造

图 2-31　特补绿化造型

大型建筑、连体建筑、群体建筑一般定为1：100～1：300，能准确表现建筑的位置关系；低层建筑、单体建筑一般定为1：100～1：200，能清晰表现外墙门窗和材质的肌理效果；小型别墅、商铺建筑一般定为1：50～1：100，能细致表现各种形体构造与装饰细节（图2-33）。

3. 建筑内视模型

建筑内视模型主要适用于住宅、办公间、商店等室内装饰空间。它的尺寸比例一般定为1：20～1：50，单间模型可以达到1：10，能细致表现墙地面装饰造型、家具、陈设品等（图2-34）。

4. 建筑等样模型

建筑等样模型的比例即为1：1，用于模拟研究建筑空间中的某一局部构造。

各种细节均能表现落成后的面貌。等样模型的制作比较复杂，一般很少采用（图2-35）。

三、色彩

建筑模型的色彩能配合形体表现建筑的性格。一般而言，现代住宅建筑色彩丰富，能激发人们的生活热情；商业建筑色彩沉稳，对比强烈，能体现现代气息。为了让建筑模型体现原创设计师的创意精神，需要在色彩上挥洒笔墨。

1. 白色

白色很纯净，主要用于表现概念模型或规划模型中的建筑形体，在适当的环境中让人产生联想或引导观众将注意力迅速转移至模型的形体结构上，从而忽略配景

图2-32　建筑规划模型

图2-33　建筑外观模型

图2-34　建筑内视模型

图2-35　建筑等样模型

■ 建筑模型的
色彩之美

在模型表现
中，对色彩的
表现要注意以
下几点。第一，
处理好整个模
型地盘的色
调，拟定好主
色、配色、对
比色的色相、
明度、纯度及
面积大小、比
例关系，使模
型主体和地盘
成为一个和谐
的整体。第二，
对建筑模型材
料或半成品的
模型色彩进行
合理搭配，使
之与模型色调
相配合，使模
型周围的景观
对主体建筑起
到很好的衬托
作用。第三，
用人工的办法
对自制模型进
行喷涂色彩的
处理，使其效
果更为突出。

的存在（图 2-36）。当周边环境为有色时，白色可以用于主体建筑，起到点睛的装饰作用。在复杂的色彩环境中，白色模型构件穿插在建筑中间，显得格外细腻、精致。

2. 浅色

浅色是现代建筑的常用色，包括浅米黄、浅绿、浅蓝、浅紫等，是近年来的流行色，主要用于表现概念模型的外墙（图 2-37）。在模型材料中，纸张、板材及各种配件以浅色居多。

3. 中灰色

中灰色适用于现代主义风格的商业建筑。它给人以低调、稳重之感，常用色包括棕褐、中灰、墨绿、土红等。中灰色系一般要搭配少量白色体块、红色线条、银色金属边框等配件，否则容易给人沉闷的

感觉（图 2-38）。

4. 深色

深色一般用来表现建筑基础部位或屋顶瓦片，如首层外墙、屋顶、道路、山石、土壤等，所占面积不大，常用黑、深褐、深蓝、深紫等（图 2-39）。在某些概念模型中，深色也可以与白色互换，同样能起到表现形体结构的作用。

四、材质

材质即材料与质地，建筑模型是通过模型的材质来表达建筑肌理、质感的。材质是建筑模型进一步升华的表现。在建筑模型设计阶段，要选择模型的材料质地。常见的模型材料质地包括以下 4 种。

图 2-36 白色模型

图 2-37 浅色模型

图 2-38 中灰色模型

图 2-39 深色模型

1. 粗糙

粗糙的材质有草地、砖石墙体、瓦片等，可以采用草皮纸（图2-40）或带有纹理的ABS板来表现。它们浑厚的特征可以配合深色底纹来表现建筑的重量感。

2. 光滑

建筑模型一般都是建筑实体的缩小版，外表光滑才能表现它的精致。光滑的模型材质非常丰富，还可细分为高光材质与哑光材质。高光材质主要用于制作建筑模型装饰边框或局部点缀；哑光材质用于建筑模型的表面，常见的材料有PVC板与ABS板（图2-41）。光滑的材质始终是干净、整洁的象征。

3. 透明

透明材质主要用于表现建筑门窗与水面，也可以用来制作内视模型或表现结构的概念模型。透明材料有透明PC板（图2-42）、有机玻璃板、玻璃等，质地分为透光、有色、磨砂等。透明材质须安装平整，稍有弯曲则会产生明显的凸凹。

4. 反射

反射材质主要用于表现建筑模型中的反射金属、镜面、水面等装饰构件，材料包括有色反光及时贴、玻璃镜面（图2-43）等。反射材质尽量少用，装饰点缀即可。

五、配饰

在设计建筑主体的同时也要配置相应的环境。建筑模型中的环境氛围一般通过配景陈设来表现，如树木、绿地、道路、

图2-40　粗糙的草皮纸

图2-41　光滑的ABS板

图2-42　透明PC板

图2-43　玻璃镜面

水面、围墙、景观小品、人物、车辆、配套设施等。这些配饰并不是多多益善，要根据建筑模型的自身形态与表现特点来选配。

概念模型主要用于表达空间关系与形体大小，周边环境只作点缀，用于强化主体建筑的比例，在设计中可以尽量简化。商业展示模型主要用于陈设，为了极力表现丰富的视觉效果，在环境氛围的设计中要加大力度。住宅建筑周边需要增加绿地、水面、景观小品、休闲设施等配件，尤其要保证绿地面积，体现温馨典雅的生活环境（图2-44）。商业建筑周边要制作附属建筑与市政设施，增加人物、车辆的数量，体现繁荣昌盛的面貌（图2-45）。文化建筑周边要预留广场、喷泉的位置，保证集会活动能顺利进行。

树木、人物、车辆是建筑模型重要的装饰配景，在布置时要分清主次。树木要以道路为参照，布置在两侧与绿化空地中，低矮的植物呈序列摆放；高大、特异的树木间要保持间距。人物布置以建筑模型的出入口为中心，逐渐向周边扩展，体现良好的向心性以及建筑在模型中的重要地位。车辆布置要了解基本交通规则，以行车道与停车场为依据摆放，路口分布密度稍大，桥梁、道路中端分布稍稀疏。

图2-44 休闲景观配饰

图2-45 商业建筑配饰

模型与玩具有区别

市场上有很多建筑仿真玩具。它们组装后具有一定的真实感，外表光洁、做工精致，与建筑模型的差异很小，于是很多制作者将其用到建筑模型中来充当建筑配景。这样做虽然提高了效率，但是并不可取。建筑模型追求的是真实的比例与尺寸，形体要真实，材质要真实，结构更要真实。建筑仿真玩具追求的是装饰性与观赏性（图2-46）。虽然颜色、材质与建筑模型类似，但再逼真，终归还是玩具，其比例与尺寸不可能与现实建筑完全一致，用它来替代建筑模型会显得很不协调，给人带来廉价或非专业的感觉。为了培养模型设计和制作的创作能力，不应在建筑模型中穿插使用建筑仿真玩具。

图2-46 建筑模型玩具

第四节
图纸绘制

绘图是建筑模型设计的最后环节。图纸对于团队工作尤其重要，它是设计师与制作员之间的沟通工具，也是提高建筑模型质量的重要保证。建筑模型制图不同于建筑制图，它具有以下特点。

一、制图形式

模型设计图纸依然按照《建筑制图标准》（GB/T 50104—2010）来执行。模型设计比建筑方案设计简单，一般只需绘制模型的各立面图。只有内视模型与解构模型才需要增加内部平面图、立面图、剖面图。大多数原创设计师并不参与模型制作，因此还要绘制透视图或轴测图来向其他制作员讲解形体构造。此外，建筑模型的制图形式不能局限于AutoCAD软件绘制的线形图。小型习作概念模型可以徒手绘制（图2-47），大中型习作展示模型可以采用三角板与圆规绘制比较严谨的图纸（图2-48），甚至可以在制图后期增加色彩与材质，这样能获得更直观的表现效果。

在商业展示模型制作过程中，投资方都会提供建筑的设计图，包括总平面图、平面布置图、外立面图、结构图等。这些图纸不一定都会用到模型制作中，但是能让制作者了解建筑设计的构思与创意。在模型制图中，可以根据制作比例简化原始图纸中的细节部分，如窗台、门套、路缘石等细节在大比例模型中均可省略。建筑模型的制图形式要以模型为中心。原始建筑设计图纸为建筑施工服务，而模型设计图纸专为模型制作服务。

二、比例标注

建筑模型一般都要按比例缩放，在尺寸标注上要注意与模型实物接轨。为了方便制作，标注时要同时指定模型与实物两种尺寸，图纸幅面可以适度增加。如果条件允许还可以 1∶1 制图，即图纸与模型等大，这样能减少数据换算，提高工作效率。同样，在材料与构造的标注上，也应作双重说明，即表明模型与实物两种用材的名称，这样制作员才能不断比较、修改，以获取最佳制作效果。

从制作效率的角度来看，建筑模型的制作比例应选择 1∶1、1∶2、1∶5、1∶10、1∶20、1∶50、1∶100、1∶200、1∶500、1∶1000、1∶2000、1∶5000 等。

三、外观效果

模型制图最终用于加工制作。在形体构造复杂的情况下，也需要参照建筑模型设计图纸（图2-49）绘制轴测效果图或透视图（图2-50）。然而模型效果图不同于建筑方案表现效果图，在形体结构、色彩材质、周边配景、视角点等要素上力求客观，不用渲染细腻的光影关系和复杂的环境氛围。此外，可以选用方便、快捷的制图软件来完成，使模型设计能随时修改。

对于制作要求比较高的建筑模型，可以采用SketchUp或AutoCAD等软件快速绘制三维外观，也可以根据实际情况徒手绘制，只要能表现模型的基本色彩与材质类别即可。

图2-47 徒手绘制

图2-48 丁尺规绘制

图2-49 建筑模型设计图纸

■ 建筑模型设计与建筑模型制作的区别？

建筑模型设计是建筑工程，而建筑模型制作是机械工程。建筑模型是根据建筑师设计好的图纸做出来的。建筑模型制作是将建筑模型设计付诸实践的桥梁。后者体现了人们对空间与建筑、平面与立体的感受。

（a）

（b）

（c）

（d）

图 2-50　建筑模型透视

第五节
案例分析：乡村别墅建筑模型

这件模型的风格为美式乡村风格，顺应我国小型建筑、别墅的设计潮流，具有一定的时尚性。模型主要表现建筑的木质墙板、大坡度倾斜屋顶、悬挑走道、烟囱、顶窗等特色构造，在制作过程中强调精细的工艺（图 2-51、图 2-52）。

一、模型分析

建筑模型主体构造并不复杂，主要结构是大坡度屋顶。另外，屋顶上开设的两个窗户，需要单独制作。计划在模型中安装电池盒与灯具。为了方便控制开关，可以在建筑旁边的宠物房中放置电池盒。

二、材料选择

建筑主体墙板采用 5 mm 厚 PVC 发泡板制作；外部采用 502 胶水粘贴木纹壁纸；壁纸为家居装修的剩余角料，成本

壁纸粘贴包边处理
PC透明胶片
5 mm厚PVC发泡板外贴壁纸
5 mm厚PVC发泡板外贴褐色瓦楞纸

用加热的螺丝刀钻孔
边长3 mm木条

边长5 mm木条制作的窗台
宠物房内置电池盒
边长8 mm木杆

边长3 mm木条饰边
3 mm厚PVC发泡板外贴打印铭牌

图 2-51　乡村别墅 1

低廉。屋顶采用褐色瓦楞纸覆盖，边缘粘贴边长 3 mm 木条。大底盘为 25 mm 厚 PS 板和 3 mm 厚 PVC 发泡板，小底盘为 18 mm 厚木质指接板，纹理与木纹壁纸基本一致。为了保证视觉上的统一，底盘周边也用双面胶粘贴了褐色瓦楞纸。

三、制作细节

整件模型采用透明强力胶、双面胶黏结即可，应注意将木条的截面打磨方正，减少胶水残留痕迹。电线穿墙时，在墙板的对应部位用加热的螺丝刀钻孔。严格遵守窗台、屋檐、栏板、楼梯等木质构造的工艺，制作完成后可以用 600 # 砂纸打磨。

48

25 mm 厚 PS 板 + 3 mm 厚 PVC 发泡板

18 mm 厚木质指接板

褐色瓦楞纸饰边

完成建筑模型

图 2-52　乡村别墅 2

思考与练习

1. 简述建筑模型的设计步骤。

2. 分析建筑模型的空间类型。

3. 简述建筑模型的设计要素。

4. 分析建筑模型图纸的绘制要求。

5. 收集建筑图样。根据图样按比例绘制一套完整的建筑模型设计图纸, 标注详细尺寸与材料。

第三章

材料与设备

章节导读

　　材料与设备是建筑模型的制作媒介。它们的种类繁多，在选择时要以模型的设计目的、制作工艺、投资金额为依据，适当选用。习作模型中的材料以轻软质地为主，多用纸张、塑料（图3-1），需要进一步裁切、分割。商业展示模型多以硬质塑料板材、金属为主，主要通过机械雕刻加工。在条件允许的情况下，利用多种工具、设备来加工材料，能提高制作效率与质量。

学习难度：★★★☆☆

重点概念：花纹纸、聚氯乙烯、切削机

第一节
材料的种类

　　建筑模型的制作材料非常丰富，在使用中一定要分清类别。不同种类的材料要采取不同的加工技法，避免因材料特性不适应加工设备而造成浪费。

　　高档模型材料一般是指有机玻璃板、成品 ABS 板、配景物件等。它们的优势在于形体结构精致，能提高工作效率，常用于制作投资额度较大的商业展示模型。但是，高档材料加工难度大，需要运用精密的数控机床来加工，在硬件设施上投资很大。中低档材料一般是指印刷纸板、KT 板、PVC 发泡板、彩色即时贴等，它

■ 如何用水泥做出混凝
土感的建筑模型？

用 3D 打印水 / 柠檬烯
（limonene）溶解材料
做模具进行浇筑。如果
浇筑的技术好，水泥可
以做成任何形式。对于
用这种溶解材料做成的
模具，脱模就是融化，
并不需要把模具分成几
块，也不需要考虑如何
将模具拆下来，因此可
以做成任何形式。

52

图 3-1　习作模型材料

们的优势在于价格低廉，成品能手工制作，使用普通裁纸刀、三角尺、胶水即可完成，但需积累大量经验后才能熟练操作。

在教学实践中，对材料与设备的选择应该尽可能多样化（图 3-2）。在条件允许的情况下，建筑模型以中低档材料为主，适当增添成品装饰板与配景构件，甚至可以配合照明器具来渲染效果，以有限的条件获得最佳的效果。现有的模型材料可以按以下几种方式来分类。

一、按化学成分分类

按化学成分分类，模型材料可以分为有机材料、无机材料、复合材料等。选用有机材料与无机材料可以控制建筑模型的耐候性。有机材料包括纸板、塑料板、专用胶黏剂等，而无机材料包括各种金属板材、杆材与管材。无机非金属材料一般不便于加工，如石材、陶瓷、泥灰等，但是成型后的效果比较敦实。复合材料使用最多，但是成本较高，如各种塑料金属复合板、配景构件等。在模型制作中要根据材料特性来变更模型设计方案。

二、按成品形态分类

按成品形态分类，模型材料可以分为方材、板材、片材、杆材、管材等几种。方材体量较大，长、宽、高之间的比例在 3 倍以内，常用的材料有泡沫（聚苯乙烯）、原木等。板材的截面长宽比在 3∶1 以上，厚度为 1.2 ~ 60 mm，其中 1.2 ~ 6 mm 的薄板规格与普通纸张相同，6 mm 以上的厚板规格一般为（长 × 宽）2400 mm×1200 mm。片材比较单薄，长、宽规格与板材相近，只是厚度一般在 1.2 mm 以下，包括各种纸张、印刷纸板与透明胶片。杆材与板材的外形相当，长度为截面边长或直径的 10 倍以上。杆材中央是实心的，管材是空心的。管材的壁厚直接影响材料的韧性。

模型材料被预制成固定形态，有利于提高制作效率。但是，要根据需要来选择，避免牵强搭配而造成不良效果。

三、按材料质地分类

按材料质地分类，模型材料可以分为纸材、木材、塑料、金属等。纸材加工方便，成本低廉，包括各种印刷纸张与纸板。木材形体规整，体量感强，能加工成各种构件，包括木方、实木板、木芯板、胶合板、纤维板等。塑料的装饰效果最佳，色彩多样，肌理变化丰富，适用于商业展示模型（图3-3），包括聚氯乙烯（PVC）、聚乙烯（PE）、聚苯乙烯（PS）、聚甲基丙烯酸甲酯（PMMA）、丙烯腈‐丁二烯‐苯乙烯共聚物（ABS）等。材料形态覆盖方材、板材、片材、杆材、管材等，是建筑模型制作中不可或缺的材料。金属材料硬度高，表面光滑，能起到很好的支撑作用与装饰效果，包括不锈钢板（管）、各种合金板（管）等。

不同的材质具有不同特性，要根据模型的制作需求作适当搭配。可以将不同类型的模型材料分开收纳，存放在纸盒中，以避免受潮、污染（图3-4）。此外，在同一建筑模型中，各种材料的比例不能完全等同，需要表现重点。

53

图3-2 习作建筑模型材料

图3-3 商业建筑模型

图3-4 收纳模型材料

第二节
纸 材

纸质材料在现代建筑模型制作中应用最广泛。它的质地轻柔，规格多样，加工方便，印刷饰面丰富，能适应各种场合的需要（图3-5）。纸质材料一般不独立使用，它的制作基础来源于其他型材，如KT板、PVC板、木板，以及各种方材、管材。单独使用纸材来制作模型的支撑构件，容易造成变形、弯曲、起泡等现象。

常用于建筑模型制作的纸质材料有书写纸、卡纸、皮纹纸、瓦楞纸、厚纸板、箱纸板等。它们的厚度、质地均不同，在制作前要根据需要来制订选购计划，避免造成浪费。

一、书写纸

书写纸又称为普通纸、复印纸，常见规格为标准A型纸，每平方米克重为70～80g，主要分为白纸（图3-6）与彩色纸（图3-7）两种。最常见的80g白纸用于绘制创意草图与模型设计图。80g彩色纸应用更广泛，可以随机穿插在模型中，表现平和、自然的色泽效果。在书写纸的基础上还加工出了色光面纸，包括高光纸与哑光纸两种，为模型制作提供了更多样的选择。

二、卡纸

卡纸是每平方米克重不低于150g的纸材，是介于纸与板之间的一类厚纸的总称，主要用于制作明信片、卡片、画册衬纸等。纸面比较细致平滑，坚挺耐磨。根据用途不同，卡纸的特性各异。例如，明信片卡纸需有良好的耐水性，米色卡纸需有适当的柔软性等。在建筑模型制作中，卡纸可以用于基层表面找平或粘贴外部装饰层，常见的有白卡纸（图3-8）、灰卡纸、黑卡纸（图3-9）、彩色卡纸等。

白卡纸的应用最多。它是一种坚挺厚实、定量较大的厚纸。它对白度的要求很高。A等品的白度应不低于92%，B等品的白度应不低于87%，C等品的白度应不低于82%。白度不低于90%的产品有点"光亮耀眼"。白卡纸还要求有较高的挺度、耐破度与平滑度。纸面应平整，不能有条痕、斑点、翘曲、变形等瑕疵。

图3-5　纸材建筑模型

图3-6　白纸　　　　　图3-7　彩色纸

三、皮纹纸

皮纹纸属于特种纸，种类繁多，是各种特殊用途纸或艺术纸的总称。它原本主要用于印刷，由于纸面的设计效果不尽相同，现在也可以用于建筑模型的表面装饰。其色彩丰富、纹理逼真，可选择的余地很大。

1. 合成纸

合成纸又称为聚合物纸或塑料纸。它以合成树脂为主要原料，熔融后经过挤压、延伸制成薄膜，然后通过纸化处理而成，表面具有天然纤维的白度、不透明度等效果（图3-10、图3-11）。合成纸中最常用的就是草皮纸（图3-12）。

2. 压纹纸

压纹纸（图3-13）采用机械压花或皱纸的方法制成，表面具有凹凸图案。压纹纸通过压化来提升纸张的装饰效果，纸张更具质感。印刷用纸表面的压纹愈来愈普遍，胶版纸、铜版纸、白板纸、白卡纸等彩色纸张在印刷前都会经过压花（纹）处理，故又可称为压花印刷纸。这样做能大幅度提高纸张的档次。

压花花纹种类很多，主要包括布纹、斜布纹、直条纹、雅莲纹、橘子皮纹、直网纹、针网纹、蛋皮纹、麻袋纹、格子纹、皮革纹、头皮纹、麻布纹、齿轮条纹等。这些压花被广泛用于压花印刷纸、涂布书皮纸、漆皮纸、塑料合成纸、植物羊皮纸及其他装饰纸材中。

3. 花纹纸

花纹纸手感柔软，外观华美，用在建筑模型中能塑造其高贵的气质，令人赏心悦目。花纹纸（图3-14）品种较多，

图3-8　白卡纸

图3-9　黑卡纸

图3-10　合成纸

图3-11　彩色合成纸

图3-12　草皮纸

建筑模型中如何抽象地表现水？

下面介绍两种简单易学的方法。第一种：波纹纸自带水纹效果，使用起来方便快捷。在基地上留出水的深度，然后将波纹纸贴上即可。第二种：透明亚克力和带颜色海报纸。在海报纸上垫一层透明亚克力，可以根据模型情况选择适合的颜色。这个方法比第一个麻烦一些，但是可以得到建筑的倒影，效果很生动。

各具特色，较普通纸档次高。花纹纸主要包括抄网纸、仿古纸、斑点纸、非涂布花纹纸、刚古纸、珠光纸、金属花纹纸、金纸等。

抄网纸的线条图案若隐若现、质感柔和，部分进口抄网纸含有棉质，质感更柔和、自然，并且韧性十足。仿古纸多以素色为主，质地古朴、美观、高雅。斑点纸中加入了多种杂物，生成矿石、飘雪、花瓣等装饰效果。非涂布花纹纸具有高档华丽的感觉，纸的两面均经过特殊处理，吸水率降低，使印墨留在纸张表面，油墨质感效果更佳。刚古纸的特色在于水印效果，是高品质书写、印刷用纸的不二之选，分为贵族、滑面、纹路、概念、数码等类别。珠光纸的色调随着观看角度的变化而变化。它的光泽是由光线在纸张表面弥散后折射而形成的，具有"闪银"效果。金属花纹纸是一种全新概念的艺术纸。它不仅保持了传统高级纸张固有的经典与美感，还拥有正反双面的金属色调，华贵而不俗气，稳重而不张扬，显现迥异的气质。金纸与传统金箔具有本质区别。它由纳米技术研制而成，既能使彩色图像直接印刷于黄金之上，又能保留黄金的风采与性能，具有抗氧化、抗变色、防潮、防蛀的特性。

总之，花纹纸的视觉效果异彩纷呈，但是价格较贵，在使用前要根据模型的创意需求来选择。

小/贴/士

纸张的规格

常用纸张有大度与正度两种规格。大度纸规格为 889 mm×1194 mm，正度纸规格为 787 mm×1092 mm。将整张纸对折为对开，对开纸再对折为 4 开，依次类推又有 8 开、16 开、32 开、64 开等。

按照纸张幅面的基本面积，国际上将幅面规格分为 A 系列、B 系列与 C 系列。A0 的幅面尺寸为 841 mm×1189 mm，幅面面积为 1 m^2；B0 的幅面尺寸为 1000 mm×1414 mm，幅面面积为 2.5 m^2；C0 的幅面尺寸为 917 mm×1279 mm，幅面面积为 2.25 m^2。其中，A 系列最为流行，规格有 A0（841 mm×1189 mm）、A1（594 mm×841 mm）、A2（420 mm×594 mm）、A3（297 mm×420 mm）、A4（210 mm×297 mm）、A5（148 mm×210 mm）、A6（105 mm×148 mm）等。

纸张的厚薄以克重来衡量。克重表示每平方米纸张的重量，克重越高，纸张就越厚，如 60 g、70 g、80 g、120 g 等。通常普通书写纸克重为 70～80 g。

四、瓦楞纸

瓦楞纸是由面纸、里纸、芯纸与加工成波形瓦楞的纸张黏合而成的厚纸板（图3-15）。它可以加工成单面纸板或3～11层纸板。不同波纹形状的瓦楞具有不同的装饰效果。即便使用同等质量的面纸与里纸，由于楞形的差异，构成的瓦楞纸板的性能也有一定区别。

瓦楞纸板的楞形形状主要分为V形、U形和UV形3种。V形瓦楞的平面抗压力值高，节约瓦楞原纸。但是用V形瓦楞制作的瓦楞纸板缓冲性差，在受压或受冲击后不容易恢复。U形瓦楞纸着胶面积大，黏结牢固，富有一定弹性。当受到外力冲击时，U形瓦楞不像V形瓦楞那样脆弱，但平面抗压力不如V形瓦楞。根据V形瓦楞与U形瓦楞的性能特点，已普遍使用综合二者优点制作的UV形瓦楞纸。用这种瓦楞纸加工出来的产品既保持了V形瓦楞的高抗压能力，又具备U形瓦楞的高黏合强度，且富有一定的弹性。

在建筑模型制作中，瓦楞纸独特的装饰肌理弥补了普通纸的不足。但是，瓦楞纸经过裁切后边缘难以保持平整，不适合用于制作精致的细节部位。

五、厚纸板

厚纸板是建筑模型制作中最常用的纸材。一般将厚度超过0.1 mm的纸称为厚纸板，也可以认定克重不超过225 g的纸材为厚纸，超过225 g的纸材为纸板。

厚纸板大体分为包装用纸板、工业用纸板、建筑用纸板与装饰用纸板4类。其中，装饰用纸板主要用于建筑模型的制作，厚度为1～2 mm，以1.2 mm厚的产品居多。厚纸板可以独立支撑建筑模型的重量，但是容易受潮，在模型组装时仍然要增加骨架基层。厚纸板的表面印刷色彩与图样比较丰富，可以根据需要选择。当没有合适图样时，也可以采用即时贴或其他印刷纸材作覆盖装饰（图3-16）。

图3-13 白卡纸

图3-14 花纹纸

六、箱纸板

箱纸板原本用于制作商品包装箱，用来保护被包装物件。它的质地较厚，达3～8 mm，中央为不同形式的空心结构，外表一般为土黄色，具有一定的弹性。箱纸板的成本低廉，来源广泛，但是裁切、修整后精度不高，容易受潮，一般用于制作概念模型底盘或模型的墙体夹层。

1. 牛皮箱纸板

牛皮箱纸板又称为牛皮卡纸，一般采用100%的纯木浆制造，纸质坚挺，韧性好，是商品包装用的高级纸板。它主要用于制造高档瓦楞纸箱，也可以用于制作概念建筑模型（图3-17）。

2. 挂面箱纸板

挂面箱纸板用于制造中低档瓦楞纸箱。国产挂面箱纸板一般采用废纸浆、麦草浆、稻草浆中的一种或两种纸浆为底浆，再以本色木浆挂面。其各项性能与挂面的质量密切相关，强度比牛皮箱纸板差，一般用于制作建筑模型的基层（图3-18）。

3. 蜂窝纸板

蜂窝纸板是根据自然界蜂巢结构原理制作的纸板。它是将瓦楞原纸用胶水黏结成无数个空心立体正六边形，使纸芯成为整体的受力件，并在其两面黏合面纸所形成的新型夹层结构的环保纸材，主要用于制作建筑模型底盘（图3-19）。

图 3-15　瓦楞纸

图 3-16　厚纸板

图 3-17　牛皮箱纸板

图 3-18　挂面箱纸板

图 3-19　蜂窝纸板

第三节
木 材

木质材料是最传统的模型材料。木材质地均衡，裁切方便，形体规整，自身的纹理即是最好的装饰，在传统风格的建筑模型中表现力非常强。木材的加工比较严谨，利用机械切割、打磨。光滑的切面与细腻的纹理是高档建筑模型制胜的关键（图3-20）。现代模型材料非常丰富，除了实木，还有各种成品木质加工材料，如胶合板、木芯板、纤维板等。

一、实木

实木具有天然的纹理与色泽，质地醇厚，具有独特的审美特性。用于建筑模型的实木一般为软质木材，如杨木、杉木、桃木、榉木、枣木、橡木、松木等。有特殊工艺要求的模型也可以选用柚木、檀木等硬质木材。现代实木材料一般被预制加工成型材，经过严格的脱水处理工艺，不变形，不起泡，方便选购。实木型材主要有片材、板材、杆材与成品配饰等。

1. 片材

片材即木片形态的模型材料。相比纸板而言，木片的形体显得更加坚挺。国产片材以正度纸规格为参照，单张片材规格一般为4开，厚度为0.4～1.2 mm。薄木片采用精密的进口切割机床生产（图3-21），材质以质地平和的榉木、枣木为主。少数进口软质片材为了防止弯曲、断裂，还在木片背部粘贴一层纸板，这样

更容易被固定。

2. 板材

板材形体各异，主要以不同树种的体量为依据。乔木树种截面面积大，板面宽；灌木树种截面面积小，板面相对窄。现代木质品工艺不断发展，高档成品板材也能做到无缝拼接，制成宽大的板面型材。常用作板材的原木树种有杉木、杨木、榉木等，其中以杉木应用最广。成品板材常被加工成（长×宽）2400 mm×1200 mm、2400 mm×600 mm、1200 mm×600 mm与600 mm×300 mm等规格，厚度为3～15 mm。其中3 mm、5 mm、6 mm厚的板材可以用作木质模型的外墙，既可承重，又可围合装饰，使用频率最高（图3-22）。

图3-20 木材建筑模型

图3-21 薄木片

60

3. 杆材

杆材由轻质木料加工而成，主要分为方杆与圆杆两种。它的边长或直径为 1 ~ 12 mm 不等，长度随着直径的增加而增加，一般为 200 ~ 1000 mm（图 3-23）。杆材主要用于制作木质模型的门窗边框、栏杆楼梯、细部支撑构造等。在选用时也可以搭配牙签筷子等廉价竹质日用品使用，但是仍然要以建筑模型的比例为基准，不要被材料的形体结构牵制。

4. 成品配饰

将木材加工成小型建筑构件或配饰，能统一木质模型的表现风格，优化设计的形式美。成品配饰一般包括栏杆、小型亭台楼阁、室内家具（图 3-24）、树木、车辆、人物等。它的比例主要为 1 ：50、1 ：100、1 ：200、1 ：500 几种，能选择的范围不大。购买后要根据设计来涂饰油漆，避免棱角部位磨损。对于大型木质建筑模型，也可以参照实物按比例制作。木质模型的表现亮点在于柔美的木质纹理，因此不宜增添过多成品配饰，否则会喧宾夺主。

二、胶合板

胶合板（图 3-25）是由原木旋切成单板或采用木方刨切成薄木，再用胶黏剂胶合而成的三层或三层以上的薄板材。胶合板通常为奇数层单板，且相邻层单板的纤维方向呈垂直排列，有三合、五合、七合等。胶合板既有天然木材的优点，如容重轻、强度高、纹理美观、绝缘性好等，

图 3-22　实木板材

图 3-23　实木杆材

图 3-24　木质成品配饰

图 3-25　胶合板

又可弥补天然木材自然产生的如结疤、幅面小、变形、纵横力学差异性大等缺陷。

从结构上来看，胶合板的最外层单板称为表板，正面的表板称为面板，用的是质量最好的板材；反面的表板称为背板，用质量次之的板材。内层的单板材称为芯板或中板，由质量较差的板材组成。胶合板的规格为（长×宽）2440 mm×1220 mm，厚度为 3～21 mm。

用于建筑模型的胶合板采用的是天然木质装饰板贴在胶合板上所制成的人造板。装饰单板是优质木材经刨切或旋切加工方法制成的薄木片，又称为饰面板。胶合板可以弯曲，可以用来制作大幅度弧形构造。板面的纹理天然质朴，自然高贵，可以用来表现古典主义或田园风格的建筑模型。

三、木板

木板主要是指木芯板与指接板。木芯板是具有实木板芯的胶合板，由原木切割成条，拼接成芯，外表贴面材加工而成的。其竖向（板芯纹理方向）抗弯压强度低，但横向抗弯压强度较高。指接板上下没有

面材覆盖，直接将木质纹理显露，具有很强的装饰效果。

1. 木芯板

木芯板按加工工艺分为机拼板与手拼板两种。手工拼制是人工将木条镶入夹板中，木条受到的挤压力较小，拼接不均匀，缝隙大，握钉力差，不能锯切加工，只适宜做整体钉接。而机拼的板材受到的挤压力较大，缝隙极小，拼接平整，承重力均匀，结构紧凑、不易变形，能够长期使用。木芯板按树种可分为杨木、杉木、松木等，质量好的板材表面平整光滑，不易翘曲变形。它主要用于制作建筑模型的展台、底盘或大型建筑模型的基础构造，需配合木龙骨使用（图 3-26）。

2. 指接板

指接板没有面层薄板覆盖，因此能表现木质纹理出来，主要由杨木与杉木制作而成（图 3-27）。指接板表面纹理分有结疤与无结疤两种，后者价格较高，装饰效果较好。指接板适用于体量较大且要表现木质纹理的建筑模型墙板或基础构造，但是抗弯压强度不如同等规格的木芯板。

优质木芯板与指接板的握钉力好，强度高，具有质坚、吸声、绝热等特点，而

61

图 3-26　木芯板

图 3-27　指接板

■ 如何用美工刀将木块切好？

可以先用铅笔画一条线，用美工刀贴着尺子沿线切割。

且含水率不高，为 10% ～ 13%，加工简便。这两种板材的稳定性高，规格为（长 × 宽）2440 mm×1220 mm，厚度有 15 mm 与 18 mm 两种，在模型制作中一般采用切割机进行加工。

图 3-28 纤维板

四、纤维板

纤维板是以木质纤维或其他植物纤维为原料，经打碎、纤维分离、干燥后施加脲醛树脂等胶黏剂，再经热压而制成的一种人造板材（图 3-28）。

纤维板因经过防水处理，其吸湿性比木材小，形状稳定性、抗菌性都较好。纤维板按容重可以分为硬质纤维板、半硬质纤维板与软质纤维板，其性质因原料种类、制造工艺的不同而具有很大的差异。硬质纤维板的容重超过 0.8 g/cm³，常为一面光或两面光，具有良好的力学性能。半硬质纤维板又称中密度纤维板，容重为 0.4 ～ 0.8 g/cm³。软质纤维板的容重低于 0.4 g/cm³。欧松板是当今市场纤维板的主流产品，纹理更加自然丰富（图 3-29）。

图 3-29 欧松板

在建筑模型制作中，软质纤维板的使用频率最高，表面经过喷塑或压塑处理后具有一定的装饰效果，主要用来制作模型底座、墙板、隔板等。它的规格为（长 × 宽）2440 mm×1220 mm，厚度为 3 ～ 30 mm。

第四节
塑 料

塑料材料的发展最为迅速。它属于高分子化合物，可以自由改变形体样式，主要由合成树脂、填料、增塑剂、稳定剂、润滑剂、色料等原料组成。塑料与其他材料相比，具有耐化学侵蚀、有光泽、部分透明或半透明、容易着色、重量轻且坚固、加工容易、可大量生产、价格便宜、用途广泛等特点（图 3-30、图 3-31）。

根据塑料的使用特性，塑料通常分为通用塑料、工程塑料与特种塑料三种类型。其中，用于建筑模型制作的塑料型材属于通用塑料，主要有聚氯乙烯（PVC）、聚乙烯（PE）、聚苯乙烯（PS）、聚甲基丙烯酸甲酯（PMMA）、丙烯腈 - 丁二烯 - 苯乙烯共聚物（ABS）等。

一、聚氯乙烯

聚氯乙烯简称 PVC，是当今世界上使用频率最高的塑料材料。它是一种乙烯基的聚合物，属于非结晶性材料。在 PVC 的实际使用中经常会加入稳定剂、润滑剂、辅助加工剂、色料、抗冲击剂及其他添加剂。它具有不易燃、高强度、耐气候变化和优良的几何稳定性等特性。

PVC 的应用涉及各行各业。它具有稳定的物理性质和化学性质，不溶于水、酒精、汽油、气体，渗水性低，在常温下具有一定的抗化学腐蚀性，在建筑模型制作中能应对各种胶黏剂，性质非常稳定。但是 PVC 材料的光、热稳定性较差，在 100℃以上或经长时间阳光暴晒，就会分解产生氯化氢，并进一步自动催化分解、变色，机械物理性能迅速下降。因此，在实际应用中必须加入稳定剂，以增强它的光、热稳定性。

建筑模型中常用的 PVC 材料包括低发泡硬质板材、高发泡软质板材（图 3-32）、杆材、管材（图 3-33）、成品件等。其中，高发泡软质板材使用最多，整张规格为（长 × 宽）1200 mm×600 mm，厚度为 2 ~ 10 mm，颜色主要有白色、米

图 3-30　白色塑料板制作的建筑模型

图 3-31　彩色塑料板制作的建筑模型

图 3-32　聚氯乙烯板

图 3-33　聚氯乙烯杆（管）

黄色两种，凸凹纹理板材具有多种色彩。PVC板可以用于建筑模型的墙体围合。杆材与管材常用于模型中的支撑构件，如栏杆、横梁、柱子等。成品件包括人物、树木、车辆等配景，在应用时可以根据需要涂装色彩。

二、聚乙烯

聚乙烯简称PE，也是一种应用广泛的高分子材料。聚乙烯无臭、无毒，手感似蜡，具有优良的耐低温性能，最低使用温度可达 –100℃，化学稳定性好，能耐大多数酸碱的侵蚀（除具有氧化性质的酸），常温下不溶于一般溶剂，吸水性小，电绝缘性能优良。但是，聚乙烯材料对外界的受力（化学与机械作用）很敏感，耐热性差。

建筑模型中常用的PE材料包括硬质板材（图3-34、图3-35）、杆材、管材（图3-36）等。它的色彩柔和，质地细腻，具有半透光效果。整张板材的规格为（长×宽）2440 mm×1220 mm，厚度为 1 ~ 20 mm，颜色主要以白色为主，手工裁切时需要较大力度，一般采用机械加工。

图3-34 聚乙烯板

图3-35 聚乙烯瓦片板

图3-36 聚乙烯杆（管）

小贴士

杆状材料的选用

杆状材料是指截面较小的长条形材料。这种型材中间或实心或空心，主要材质有木材、聚氯乙烯、有机玻璃、金属等，在建筑模型制作中应用较多，主要用于制作建筑模型中的围栏、龙骨、梁柱、门窗边框等构造，也可以用于制作各种纸材、板材饰边。杆状材料属于成品型材，外表光洁，形态完整，因此价格较高。选用时应当控制用量，也可以对各种板材进行裁切，使板材变为杆状材料。

三、聚苯乙烯

聚苯乙烯简称PS，是一种无色热塑性塑料，俗称泡沫塑料。它的转化温度超过100℃，化学稳定性比较差，可以被多种有机溶剂溶解，会被强酸强碱腐蚀，不抗油脂，在受到紫外线照射后易变色。聚苯乙烯质地硬而脆，无色透明，可以与多种染料混合产生不同的颜色。

建筑模型中常用的聚苯乙烯一般被加工成板材（图3-37）。整张板材的规格为（长×宽）2440 mm×1220 mm，厚度为10～60 mm，主要用于模型的形体塑造或底板制作，色彩有白色、蓝色、米黄色、灰褐色等多种。在裁切时要注意将刀具完全垂直于板面，最好采用热熔钢丝锯进行切割。裁切表面需要使用砂纸或打磨机做进一步处理。

在聚苯乙烯板的基础上，上下表面各增加一层PVC彩色薄膜，就形成了KT板（图3-38）。整张KT板规格为（长×宽）2400 mm×900 mm、2400 mm×1200 mm，厚度有3 mm、5 mm、10 mm 3种。KT板赋予了聚苯乙烯材料更丰富的形式，常用于建筑模型墙体或基层构造的制作。

四、聚甲基丙烯酸甲酯

聚甲基丙烯酸甲酯又称为PMMA，俗称亚克力、有机玻璃。它呈无色透明状，具有极为优越的光学性能，属于高度透明的热塑性塑料，透光率达到90%～92%，应用广泛，但是表面硬度较低，容易被硬物划伤。PMMA的产品有片材、板材、杆材、管材等品种。

建筑模型中常用的有机玻璃材料为片材与板材（图3-39）。片材厚度为0.1～1 mm不等，板材规格为（长×宽）2440 mm×1220 mm，厚度为1～6 mm。有机玻璃板的色彩丰富，主要有透明、半透明、乳白、米黄、中绿、浅蓝等。它主要用于制作建筑模型的墙体、门窗、水面、反光构件等。在使用时可以热加工处理，制成弧形或圆形构造。

五、丙烯腈－丁二烯－苯乙烯共聚物

丙烯腈－丁二烯－苯乙烯共聚物简称ABS，其中丙烯腈占15%～35%，丁二烯占5%～30%，苯乙烯占40%～60%，最常见的比例是A∶B∶S＝20∶30∶50。ABS树脂熔点为175℃，属于强度高、韧性好、易于加工成型的热

■ 如何用热水弯曲板材？

首先，把需要加工的材料按照尺寸切割好，注意尺寸要准确。然后，把ABS板用胶纸固定在圆形物上，注意边角要对齐，为保证加热效果，可多用几层胶纸固定。最后，用镊子夹热，放入90℃左右的热水中，两分钟后拿出（如热水温度较高，应缩短浸泡加热时间），然后冷却成型。

65

图3-37 聚苯乙烯板

(a)

(b)

图3-38 KT板

塑性高分子材料。ABS 树脂是微黄色固体，有一定的韧性，它抗酸、碱、盐腐蚀的能力比较强，可以在一定程度上耐受有机溶剂溶解。ABS 材料有很好的成型性，加工出的产品表面光洁，易于染色或电镀（图 3-40）。

建筑模型中常用的是 ABS 板，主要产品有高光板、哑光板、皮纹板、

复合植绒板等。板材规格为（长 × 宽）1200 mm×1000 mm，厚度为 0.8 ~ 8 mm。ABS 板质地较硬，但是可以弯曲成型，裁切时要使用机械加工，表面可以喷漆着色，适用于商业展示建筑模型中外墙板、楼板、屋顶、窗台等构件的制作。

(a)

(b)

图 3-39　有机玻璃板

(a)

(b)

图 3-40　ABS 板

第五节
金　属

金属材料具有坚硬的质地、光滑的表面、浑厚的体量，在现代建筑模型中虽然应用不多，但仍然是不可或缺的材料。金属材料主要用于制作模型的支撑构件与连接构件。少数建筑模型为了表现金属质感，也会将金属板材用作围合装饰（图 3-41）。常用于建筑模型的金属材料有铁丝、螺钉、不锈钢型材等。

一、铁丝

铁丝是采用低碳钢拉制成的一种金属丝，用途不同，成分也不一样。它的主要成分为铁、钴、镍、铜、碳、锌等。将炽热的金属坯轧成 5 mm 粗的钢条，再将其放入拉丝装置内拉成不同直径的线，并逐步缩小拉丝盘的孔径，经过冷却、退火、涂镀等加工工艺，制成各种不同规格的铁丝（图 3-42）。

常用于建筑模型的铁丝直径为 0.5 ~ 2 mm。除了金属本色产品，还有缠绕包装纸的装饰铁丝，主要用于基层构造或支撑构造的绑定。铁丝的加固强度要高于胶黏剂。要注意外部装饰，或者将其排列整

齐，不能过于凌乱或影响其他材料的使用。

二、螺钉

螺钉全称为螺丝钉，是指圆柱形或圆锥形小金属杆上带螺纹的零件。螺钉的材质主要有铜、铁、合金等，其中铜质螺钉硬度较高，适合金属件的连接；铁质、合金螺钉适用于木质材料的连接（图3-43）。螺钉的常用规格为（长）20～60 mm，每间隔5 mm为一种规格。建筑模型中的螺钉主要用于连接大型构件，尤其是建筑实体与底盘，连接外观平滑自然，无痕迹。

三、不锈钢型材

不锈钢原本用于建筑装饰领域。它独特的光洁效果能使建筑模型增色不少。不锈钢的耐腐蚀性取决于铬。在用铬对钢进行合金化处理时，改变了表面氧化物的类型，能防止钢材进一步氧化。这种氧化层极薄，透过它可以看到钢材表面的自然光泽。

不锈钢的硬度很高。用于建筑模型制作的不锈钢型材一般比较单薄，主要用于制作建筑模型的展台或底盘装饰（图3-44）。板材规格为（长×宽）2440 mm×1220 mm，厚度有0.5 mm、0.6 mm、0.8 mm、1 mm等。板材根据表面效果可分为镜面板、雾面板、丝光板等。折叠时需要采用模具固定，一旦错误弯折就很难还原。

不锈钢管主要用于建筑模型中立柱或支撑构造的制作，常用规格为（直径／边长）10～60 mm，每间隔5 mm为一种

■ 金属拼装模型

金属拼装模型选用黄铜等金属，种类繁多，是集知识性、装饰性于一体的工艺赏玩收藏品，同时也可应用于DIY建筑模型中。

67

图3-41　金属建筑模型

图3-42　铁丝

图3-43　螺钉

图3-44　不锈钢板

规格。

四、镀锌钢型材

镀锌钢型材主要是指表面电镀上一层锌合金的钢材。锌能在铁金属上形成表面氧化物，保护铁不受氧化而产生锈蚀。但是，镀锌钢表面没有不锈钢光滑，型材的厚度也有所增加。镀锌钢板的规格为（长×宽）2440 mm×1220 mm，厚度有 0.8 mm、1 mm、1.2 mm 等。为了保证装饰效果，型材表面都会涂饰一层油漆，在起到装饰效果的同时还能防止生锈（图 3-45）。

镀锌钢板的加工复杂，一般在大型建筑模型中用于内部支撑。建筑模型外部装饰仍由纸材与塑料来完成。

五、合金型材

合金是由纯金属加入其他金属元素制成的，如铝合金、锰合金、铜合金等。合金比纯金属具有更好的物理力学性能，易加工，耐久性高，适用范围广，装饰效果好，花色丰富。利用铝合金阳极氧化处理后可以进行着色的特点，能将其制成各种装饰品。以铝合金板材为例，它的表面可以进行防腐、轧花、涂装、印刷等二次加工，制成各种规格的型材。常用规格为（长×宽）2440 mm×1220 mm，厚度为 0.5 mm、0.6 mm、0.8 mm 等。

建筑模型中常用铝合金薄板制作外墙墙板。它坚挺、平和的质地能给人带来稳重的视觉感受（图 3-46）。

图 3-45　镀锌钢板

图 3-46　铝合金薄板

第六节
胶黏剂

胶黏剂是建筑模型制作中必备的辅助材料。它能快速黏结模型材料，相对于构件连接的方式，能大幅度提高工作效率。现代模型材料种类丰富，要根据材料的特性正确选用，不能一味追求万能的黏结效果。常用的胶黏剂主要有不干胶、白乳胶、502 胶、硅酮玻璃胶、透明强力胶等。

一、不干胶

不干胶又称为自粘标签材料，是以纸张、薄膜或特种材料为面料，背面涂有丙烯酸胶黏剂，以涂硅保护纸为底纸的一种复合材料。

现代不干胶产品丰富，主要包括透明胶（图3-47）、双面胶（图3-48）、双面泡沫胶、印刷贴纸胶、即时贴胶纸（图3-49）等。这些产品为建筑模型制作奠定了坚实的基础。它主要用于黏结普通纸材与轻质塑料板材。在没有其他胶黏剂的情况下，合理运用不干胶产品也能取得良好的黏结效果。

二、白乳胶

白乳胶原名聚醋酸乙烯胶黏剂，是由醋酸与乙烯合成醋酸乙烯，再经乳液聚合而成的乳白色稠厚液体（图3-50）。白乳胶稳定性好，可常温固化，黏结强度较高，黏结层具有较好的韧性与耐久性，且不易老化。

白乳胶广泛应用于厚纸板的黏结，同时也可作为木材的胶黏剂。使用白乳胶黏结木材时，需要按压固定 5～10 min，木材之间要具有转角形式的接触面（榫口）。它不能用于其他材料的黏结。

三、502 胶

502胶是以 α 氰基丙烯酸乙酯为主，加入增黏剂、稳定剂、增韧剂、阻聚剂等，通过先进生产工艺合成的单组分瞬间固化胶黏剂（图3-51）。它具有无色透明、低黏度、不可燃、成分单一、无溶剂等特点，但是稍有刺激性气味、易挥发，所挥发气体具有弱催泪性。它的黏结原理是在空气中微量水的催化下发生加聚反应，迅速固化而将被黏物黏牢。

502胶能瞬间固化，又称为瞬干胶，能用于黏结金属、橡胶、玻璃等，非常适合暂时黏结，被广泛用于钢铁、有色金属、非金属陶瓷、玻璃、木材、橡胶、皮革、塑胶等自身或相互间的黏合。但是对于聚乙烯、聚丙烯、聚四氟乙烯等难黏材料而言，黏结表面需经过特殊处理。

四、硅酮玻璃胶

硅酮玻璃胶从产品包装上可分为两类：单组分与双组分。单组分的硅酮胶，其固化是靠接触空气中的水分而产生物理性质的改变；双组分则是将硅酮胶分成A、B两组，任何一组单独存在都不能发生固化，但两组胶浆混合就能立即固化。硅酮耐候胶如图3-52所示。它类似于软膏，一旦接触空气中的水分就会固化成坚韧的橡胶类固体材料。硅酮玻璃胶的黏结力强，拉伸强度大，固化后具有耐候性与抗震性，还具备防潮、抗臭气与耐高低温等特点。

硅酮玻璃胶主要用于光洁的金属、玻

■ 简单制作石材地板

首先，根据尺寸要求，用钩刀和铁尺在材料上勾画石材地砖缝纹。注意用力均匀，深度控制在板厚的四分之一。如果勾画深度不到位，继续勾画直至达到应有效果。然后根据色彩喷漆上色，不可一遍喷够，多次喷涂效果较好。为使色彩更稳重逼真，可加喷一些其他的颜色进行混杂，注意不要太匀。

69

图3-47　透明胶

图3-48　双面胶

图3-49　即时贴胶纸

璃、不含油脂的木材、硅酮树脂、加硫硅橡胶、陶瓷、天然及合成纤维，以及部分油漆塑料表面的黏结。优质硅酮玻璃胶在0℃以下使用也不会出现挤压不出、物理特性改变等现象。充分固化的硅酮玻璃胶在环境温度达到200℃的情况下仍能持续有效。硅酮玻璃胶有多种颜色，常用颜色有黑色、瓷白、透明、银灰、灰和古铜6种。

五、透明强力胶

透明强力胶又称为模型胶、万能胶，是流行的建筑模型胶黏剂（图3-53）。

它的主要成分是乙酸甲酯和丙酮。透明强力胶具有能快速黏结模型材料的特性，适用于各种纸材、木材、塑料、纺织品、皮革、陶瓷、玻璃、大理石、毛毯、金属等材料的黏结，常见包装规格为20 mL、33 mL、125 mL 等。

使用时，将胶水均匀涂抹在黏结面上即可黏结。胶水质地完全透明，能真实反映材料的原始形态。只是在使用时要注意保洁，不宜在模型构件表面残留多余的透明强力胶，以免造成模型外观粗糙。

图3-50　白乳胶

图3-51　502胶

图3-52　硅酮耐候胶

即时贴

即时贴由化学家斯潘塞·西尔弗（Spencer Silver）发明。西尔弗研究各种胶黏剂配方时，配制出了一种具有较大黏性且不易固化的新品种黏胶。用它来粘贴东西，即使过了很长时间也能轻易地揭剥下来。即时贴品种繁多，能满足大多数建筑模型的外表装饰需求。即时贴色彩、纹理多样，能仿制各种建筑材料，主要用于建筑模型的外表粘贴，起到快速装饰目的。

即时贴品种很多，按表膜可以分为透明 PET、半透明 PET、透明 OPP、半透明 OPP、透明 PVC、有光白 PVC、无光白 PVC、合成纸、有光金（银）聚酯、无光金（银）聚酯等多种类型，以供消费者选择。

小/贴/士

六、软陶

软陶是聚氯乙烯（PVC）与无机填料混合而成、具有一定黏稠度的复合材料。其性能与陶土相似，又称为陶泥（图3-54）。软陶可以用来黏结建筑模型构造，因此可以认为它是一种能造型的胶黏剂，具有造型自由、烘烤后不破碎等特点。

软陶的加工制作方法与传统的橡皮泥类似，简单方便。它一般用于工艺品与儿童玩具的制作，现在也可以用于建筑模型制作。特殊的弧形建筑构造采用软陶材料制作简单。制作完毕的软陶模型构件必须经过加热定型。可以将软陶构件放入冷水中文火加热直至开锅，静置 20 min，自然冷却后即成形。可以重复 2～3 次，直到达到满意效果为止。还可以将要定型的软陶作品放入烤箱中，设置烘烤温度为120℃，烘烤 10 min，待炉温自然降至室温时再将构件取出。

图 3-53 透明强力胶

图 3-54 软陶

第七节
器械设备

要提高建筑模型的制作效率、提升产品质量必须使用一些器械与设备。操作器械需要掌握正确的使用方法，并加强训练。常用的器械设备包括手工工具、机械工具与机床设备 3 大类。

一、手工工具

手工工具是指能徒手操作的器械，主要分为分割工具与整形工具两种。分割工具包括剪刀、美工刀等；整形工具包括螺丝刀、引导线、钢锉、钢锥、钢丝钳等（图3-55）。

无论哪种工具都要谨慎操作，避免伤到人体。使用金属工具时最好戴上橡胶手套，防止汗液打滑。在制作精确模型时，要使用直尺或其他物件来引导工具的施力方向，避免产生粗糙的边缘。此外，金属工具要注意保养，定期打磨刀刃并涂抹润滑油，统一归纳在工具箱里（图 3-56）。

二、机械工具

机械工具是指采用电力、油料、燃气、液压等为动力源的自动加工设备。在建筑模型制作中，根据加工目的，机械工具主要分为切割机、钻孔机、打磨机、热熔机、喷涂机等。

1. 切割机

切割机是利用高速旋转的切割刀片或刀锯，对被加工物件进行切割或开槽的设备。它是建筑模型制作中最常用的机械工具。

切割机主要分为普通多功能切割机与曲线切割机。多功能切割机以圆形刀片为切割媒介，能对纸材、木材、塑料、金属等材料直线切割。刀片厚度一般为1.5 mm，操作时要预留刀片的切口尺度（图3-57）。曲线切割机又称为线锯，利用纤细的锯绳在操作台上快速上下移动来分割材料，针对木质、塑料板材能切割出曲线形体，是普通切割机的重要补充。曲线切割机的锯条比较单薄，一般不用来切割金属。切割金属可以使用专用曲线切割机，操控起来会更加得心应手（图3-58）。

2. 钻孔机

钻孔机是利用高速旋转的螺旋轴杆对被加工物件进行钻孔的机械设备（图3-59）。钻孔机操控简单，使用时要在加工材料下方垫隔一层其他材料，保证被加工材料的孔洞能均匀生成，有效避免开裂、起翘的现象。常用螺旋轴杆的直径为1 ~ 25 mm，可以根据需要选择。针对木材等粗纤维材料可以降低钻孔速度，对于金属、塑料则可提高钻孔速度。除了台式钻孔机，还可以根据需要选用手电钻，加工更灵活。

3. 打磨机

打磨机是采用不同粗糙程度的齿轮或砂纸盘对模型材料表面平整加工的机械（图3-60）。加工纸材、木材、泡沫等低密度材料时应选用粗糙的砂纸盘，加工塑料、金属、玻璃等高密度材料时可以选用精细的齿轮。打磨时要注意材料的完整性，避免打磨过度而影响形体结构。高密度打磨又称为抛光，对金属与石材进行打磨时可以适当加水，避免产生火花与粉尘。

图3-55 常规手工工具

图3-56 工具箱

图3-57 多功能切割机　　图3-58 曲线切割机　　图3-59 钻孔机　　图3-60 打磨机

4. 热熔机

热熔机是对有机玻璃板进行热弯加工的专用机械（图 3-61）。它能将平整的有机玻璃按设计要求热弯成各种角度，热弯半径为 5 ~ 200 mm 不等。热弯无痕迹、无裂缝，能保持有机玻璃的原有面貌。

5. 喷涂机

喷涂机（图 3-62）的核心是空气压缩机。喷涂机能将普通空气加压后传输给色料喷枪，带动色料喷涂至模型表面，是一种完备的涂装机械。喷涂机又分为通用喷涂机与无气喷涂机两种。通用喷涂机利用加压空气带动色料，适用于水性颜料；而无气喷涂机利用空气负压原理将色料喷涂出来，色料中不掺杂空气，不会产生由气泡引起的空鼓现象，适用于细腻的油性色料。喷涂机的使用效果最终由末端的喷枪来决定。喷口大小与形态可以更换，适用不同的涂装对象。

三、机床设备

今后的建筑模型制作会逐渐趋向自动化操作。高端的机床设备能满足这一需求。它通过独立的计算机控制，对模型材料自动加工。常用的机床设备主要有数控切割机、数控雕刻机和三维成型机。

1. 数控切割机

数控切割机能将计算机绘制的图形在指定的材料上切割出来，形体完整，一次成型，效率高，全程工作无需人员职守，绘制的图形需要使用配套的专业软件。切割机上的刀具品种齐全，能满足各种模型材料的加工需求（图 3-63）。高端产品为激光切割机，切割面与边缘更加光滑、平顺（图 3-64）。

2. 数控雕刻机

数控雕刻机除了能将计算机绘制的图形切割下来，还能根据原始材料的厚度进行不同深度的雕刻，在板材表面加工文字与图案。雕刻后的纹理深浅不一，变化生

图 3-61 热熔机

图 3-62 喷涂机

图 3-63 数控切割机　图 3-64 激光切割机　图 3-65 数控激光雕刻机

■ 建筑模型保养方法

模型的灯光不要长时间开着，要每两个小时关一次。如有真水喷泉的模型要常常检查是否有水，假如水量不足就要及时加水。一旦发现喷泉不喷水了，应立刻关闭电源，以免模型损坏。放置模型的场所要时刻保持清洁和通风良好，在没有玻璃罩的情况下要常常清扫，切忌在阳光下暴晒。放置模型时，室内温度一般不得超过 35℃，相对湿度保持在 30%~80%，否则模型较易脱胶变形。

动。高端的数控激光雕刻机（图 3-65）精度更高，还能在有机玻璃板厚度中央进行中空镂雕，进一步拓展了建筑模型的品种。

3. 三维成型机

三维成型是一项先进制造技术。三维成型机也被称为立体打印机。它可以在没有任何刀具、模具及工装卡具的情况下，直接接收计算机（CAD）数据，快速地实现模型构件的生产（图 3-66）。

三维成型机的工作原理比较复杂。它将计算机内的三维数据模型进行分层切片，从而得到各层截面的轮廓数据。计算机根据这些信息控制激光器或喷嘴，有选择地烧结液态光敏树脂，最终采用熔结、聚合、黏结等手段使其逐层堆积成一体，从而制造出所设计的模型构件，如墙板、门窗、家具等（图 3-67）。整个过程在计算机的控制下全自动完成，最后经过紫光完成固化处理（图 3-68）。三维成型机能大大缩短新模型制造时间，提高制造复杂模型配件的能力，显著提高模型配件的成功率，有利于优化产品设计，节省大量的开模费用，特别适合单件及小批量建筑模型生产。

图 3-67　模型构件生成

图 3-68　紫光固化处理

图 3-66　三维成型机

第八节
案例分析：商业住宅建筑模型

商业住宅的创意构思源于日本的知名建筑"转运阁"。它被称为世界上最花哨的住宅，不但外形奇特、色彩艳丽，内部也波澜起伏、色彩缤纷。设计师大胆地将各种鲜艳色彩组合在一起，给人以活泼、轻快的感受。同时，它在造型上也十分特别，由立方体、圆柱体、球体等多种几何形体结合而成。

74

一、模型分析

整体建筑比较复杂，包括两栋建筑及连接这两栋建筑的走廊。每栋建筑中的 4 个窗户分别朝 4 个不同的方向开启，对应的房间形状分别是 2 个立方体、1 个球体与 1 个圆柱体。此外，转角、走廊、楼顶处还附有大量白色栏杆。

二、选择材料

根据建筑特色，采用 1.2 mm 厚纸板制作立方体；ϕ40 PVC 排水管制作圆柱体；乒乓球制作球体；透明胶片制作窗户玻璃；边长 1 mm 的 ABS 杆制作窗框与栏杆；20 mm 厚的 PS 板制作模型的底座（图 3-69、图 3-70）。

三、材料加工

量出待拼装的具体尺寸，使用裁纸刀将板材裁切下来。由于 ϕ40 PVC 排水

边长 1 mm ABS 杆

透明胶片门窗

KT 板喷涂油漆

双面胶粘贴草绒粉

白色碎石

灰色即时贴

成品装饰树

成品车辆

白色即时贴

图 3-69 商业住宅 1

管的质地坚硬，要用切割机加工。乒乓球的洞口开启非常不易，要使用塑料瓶盖在球体上定位，再用铅笔在球上勾出圆形，最后用剪刀小心剪下需要去除的部分，用600#砂纸打磨边缘。待所有零件成型后开始喷漆。将相同颜色的构件放在一起同时喷漆可以最大程度节省原料。喷涂纸板时要用旧报纸垫底；喷涂PVC排水管与乒乓球时，要在内侧粘贴透明胶，防止将油漆喷到内部，影响美观。

成品装饰树 ——

白色碎石花坛 ——

成品装饰人物 ——

图 3-70　商业住宅 2

四、组合拼装

将喷好油漆的 20 个立方体组装起来。立方体上的窗户玻璃采用透明胶片从内部粘贴。PVC 管与乒乓球上的窗户玻璃要先用泡沫双面胶，利用泡沫胶的厚度将胶片固定上去，并在胶片上粘贴窗框。最后将做好的构件逐一组装起来（图 3-71）。

———— 彩色海绵花瓣

———— 完成建筑模型

图 3-71　商业住宅 3

五、栏杆制作

栏杆的数量较多，是该模型的重点。可以将 ABS 杆剪成 10 mm 的小段，使用 600 # 砂纸将每根栏杆的切口磨平后粘贴到扶手上，再将栏杆整体粘到模型中的相应部位，注意保持平整。制作栏杆时间较长，最好一气呵成，避免隔天制作带来形体上的差异。也可以购买成品栏杆直接安装，但是要注意比例的选择。

六、环境场景

规划建筑场景，使用自动铅笔在 PS 底板上勾画出马路、草地、小区道路的具体位置。在马路上粘贴灰色即时贴，用窄双面胶贴出分道线与斑马线。将双面胶粘贴到即将铺草地的部位，然后在双面胶上洒草绒粉，增加几个小花坛。在场景中插上成品树，配上人物与车辆，整齐放置白色碎石（图 3-72）。模型的环境场景应尽量丰富，与建筑风格保持一致。

1.2 mm厚纸板
开孔的乒乓球

罐装自动喷漆
纸板集中喷涂油漆

喷漆后的乒乓球
φ40PVC管内粘贴双面泡沫胶

彩色纸板拼装成型

图 3-72　商业住宅 4

思考与练习

1. 列举并说明习作建筑模型材料的种类与特性。

2. 分析纸材、木材、塑料的品种与优势。

3. 考察附近建筑模型材料商店或网店，识别各种模型材料。

4. 根据实际情况熟悉各种用于模型制作的器械设备。

5. 对照模型设计图纸列出材料采购清单，标明品种名称、规格、数量与预算价格。

章节
导读

　　模型是建筑形体的微观表现。无论选用何种材料，制作工艺都要精致、严谨。虽然操作技法与材料特性相关，但是模型质量仍由制作者的态度决定。正确的制作方法是前提，严谨的制作态度是保证（图 4-1）。建筑模型制作一般可以分为选材、下料、组装、拼接、配饰5 个步骤。其中，下料与组装是制约全局的关键。在同一建筑模型中，不同构件的制作步骤虽有颠倒，但不影响整体进度。

学习难度：★★★★★

重点概念：定位切割、黏结、配景装饰

第一节
材料搭配

　　在模型制作中，备选的材料十分丰富，要根据制作环境与表现目的进行综合选配。

一、制作环境

　　不同地域的经济状况不同，建筑模型的制作工艺也不同。在没有切割机、数控机床的条件下，普通纸材、木材与塑料等软质材料一般通过手工工具加工。加工质量与制作的熟练程度有关。如果要提高支撑构件的强度，可以叠加多层材料或采

■ 材料的本色

每种材料都可以在模型制作时表现自己原有的色彩。不同的材料提供了不同表达方式的可能性。这些材料有纸张、色纸、铝箔、编织物、粘贴板、实木、木料、金属薄板、塑料和有机玻璃。一般来说，采用材料本色的模型不要求有进一步的加工。可以对塑料表面进行打磨或抛光。采用染色剂、油或蜡可以使纸板的色彩，尤其是木头的色彩得到明显的加强。可以通过铜和黄铜薄板不同的表面特性（麻面的、发光的、粗糙的、反光的）强调其不同之处。此外，还可以使用在模型制作市场上能买到的氧化剂，对它进行人工改变。作用时间和浓度影响着色纸的硬度。这里需要强调的是，对外部要精心维护，对药剂的特征要了解清楚。

图 4-1　建筑模型制作

用夹层构造来增加硬度。例如，使用木板与 ABS 板制作墙体时，虽然强度很高，外形挺拔，但没有切割机便很难进一步处理，甚至无法精确开设门窗洞口。这时可以选用 KT 板与厚纸板叠加。KT 板在内起到支撑固定的作用，1.2 mm 厚纸板贴在外部，起到平整装饰的作用，边缘转角也容易修饰平整（图 4-2）。也可以采用 PVC 发泡板制作，搭配 1.2 mm 厚纸板（图 4-3），这样能规避制作粗糙的问题。

在制作环境与经济实力允许的情况下，可以采用成品 PVC 板。其经数控切割机一次裁切成形，即可组装成精致的商业展示建筑模型。有限的制作环境并不一定会影响建筑模型的质量。开拓思维、缜密思考、量力而行、提高自身认识，终会创作出满意的作品。

图 4-2　KT 板+厚纸板模型

图 4-3　PVC 发泡板+厚纸板模型

二、表现目的

建筑模型的表现目的不尽相同，要以创意构思与制作要求为依据选择材料。概念性、研究性模型重在表现创意思想与空间关系，一般选用黑、白、灰或某种单一色彩的材料（图4-4），如白色PVC发泡板、单色PS板、单色厚纸板等。它们质地轻柔，便于加工，能快速变幻出更多的造型组合。商业展示模型重在表现丰富的肌理、色彩、灯光与配饰，一般以色彩丰富的成品型材为加工材料，如压纹ABS板、有机玻璃板、彩色印刷即时贴纸等。它们效果独特，价格高昂，能满足商业运作需求，产生高额的回报（图4-5）。

一般而言，要追求华丽的表现效果，应该尽可能多地增加模型材料的种类，以获得完美的表现效果。不同材料之间要注意组装方式，避免因特性不同而产生问题。例如，彩色印刷即时贴纸附着在KT板或聚苯乙烯板上时，容易出现气泡与凸凹痕迹，最好在中间增加一层厚纸板或PVC发泡板，平衡它们之间的内应力。

图4-4　白色建筑模型

图4-5　商业建筑模型

第二节
比例缩放

建筑模型一般要经过不同程度的比例缩放。缩放比例主要由表现规模、材料特性、细节程度三个方面来综合判定。

一、表现规模

表现规模即建筑模型的预期体量。规模大小受场地、资金、技术等多方面限制。以住宅小区模型为例，实测规划面积为500000 m²，长1000 m，宽500 m。要在200 m²的展厅中营销展示，模型展台面积应不超过8 m²，那么模型的比例就应该定为1∶250（图4-6）。

同等条件下，投资金额越高，模型规模就越大。此外，精湛的技术能帮助制作者处理好建筑模型中的大跨度结构，使内空高或纵身长的形体结构不弯曲、不变形（图4-7）。

二、材料特性

建筑模型的比例设定与材料特性密切相关。模型的体量大小直接影响材料选配（图4-8）。例如，在无支撑的模型结构中，1.2 mm厚纸板能控制在200 mm内

■ 模型比例
确定方法

建筑与景观模型比例一般要根据模型的使用目的与模型面积来确定。比如，单体建筑与少量的群体景物组合应选择较大比例，如 1∶50、1∶100、1∶300 等。大面积的绿地和区域性规划应选择较小的比例，如1∶1000、1∶2000、1∶3000 等。

不变形；3 mm 厚 PVC 发泡板能控制在 300 mm 内不变形；5 mm 厚 KT 板能控制在 400 mm 内不变形；10 mm 厚实木板则能控制在 800 mm 内不变形。如果将以上材料相互叠加组合，强度会进一步增加，满足大体量建筑模型的制作要求。

同样，小体量建筑模型也对材料特性有所限定。例如，在形体较大的建筑模型中，单体建筑的长、宽、高一般为 30 ~ 80 mm，使用硬质板材很难深入加工。而 PVC 发泡板（图 4-9）却是很好的材料，可以采用电热曲线切割机将其锯切成各种形体，满足不同的制作需求。

三、细节程度

建筑模型的细部造型也会影响模型的

比例。规划模型中的单体建筑数量很多，无法深入细节，一般将比例尺设得很小，这样一来单体建筑的体量变小了，构造细节也被简化了。然而，独立的建筑模型要求着重表现细部构造，强化建筑设计方案的精致性，这时比例尺就要设得很大。

例如，大型建筑构造中的条形结构多采用型钢制作，就要对型钢的规格进行精确计算。1∶300 的模型玻璃，可以选用边长为 1.5 mm 的 ABS 方杆来制作弧形型钢构造（图 4-10）。又如，现实生活中的木质窗户框架宽约 100 mm，比较适合这一构件的模型材料是方形木质条杆。此时该模型的比例就可以设为 1∶20，选用边长为 5 mm 的木质方杆（图 4-11），其他形体细节也应该遵照此比

图4-6 住宅小区建筑模型

图4-7 大型建筑模型

图4-8 常用建筑模型材料

图4-9 PVC 发泡板制作模型

例深化表现。总之，细节的深化程度直接影响建筑模型的比例缩放。

在建筑模型制作中，比例缩放要做到统筹规划：整体形态设定准确后要规范内部细节；主体形态设定准确后要规范配饰场景；细部形态设定准确后要规范全局体量。

需要特别注意的是，同一建筑模型中不能出现多种比例，尤其是建筑内视模型中的家具（图4-12），建筑景观模型中的人物、车辆、树木等成品配饰（图4-13），决不能强行搭配而影响最终效果。直接购买的模型配饰要经过仔细测量、换算，得出准确的比例后才能被用到模型中。

第三节
定位切割

建筑模型材料要由成品型材变为组装配件就必须经过定位切割。这是模型制作工艺中最重要的环节。模型的精密程度与最终的展示效果都由这项工序决定。

一、定位

定位是指在型材上进行位置设定，尤其要表现切割部位的形态与尺度比例，为其后的切割工序打好基础。

被选用的材料丰富多彩，形态各异，矩形、梯形、自由曲线形等形状都有可能出现。在型材上标记切割部位须经过缜密

图4-10 ABS方杆构造

图4-11 木质方杆构造

图4-12 建筑内视模型中的家具

图4-13 建筑景观模型中的成品配饰

86

思考。普通型材外观平滑、色彩单一、幅面宽大，比较容易做标记，从周边开始测量尺寸即可，但是要与型材边缘保持至少10 mm 的间距，避免将磨损的边缘纳入使用范畴。

矩形型材一般从长边的端头开始定位，不规则型材一般从曲线或折线边缘开始定位，保证最大化合理利用材料，为后期用材提供方便。标记形体轮廓时可以将绘制的 1∶1 模型设计图拓印在型材上，使用硬质笔尖或刀片锐角刺透图纸，在型材上标记轮廓转角点，再将图纸取下，用自动铅笔与三角尺为轮廓转角点连线（图4-14）。操作时应注意，自动铅笔落笔要轻，以制作者自己能识别为准。有机玻璃板、金属板等光洁材料可以使用彩色纤维笔来描绘轮廓。

圆弧形轮廓要使用圆规来描绘。圆点支撑部位对型材的压力要轻，避免产生凹陷圆孔。自由曲线边缘最好能归纳为多段圆弧拼接后的形态，尽量采用规则形体的组合来表现不规则形体。如果创意构思中需要表现任意自由曲线，可以将 1∶1 模型图纸裁剪下来贴在型材上，再进行定位描绘（图4-15）。

建筑模型的形体结构大多为方形或矩形，外部墙体围合时要考虑拼装的连续性。因此，定位时不宜将墙体转角分开。将其连为一体能减少后期切割工作量，转角结构也会显得更加端庄、方正（图4-16）。

二、切割

切割模型材料是一项费时费力的枯燥劳动，需要静心、细心和耐心。不同的材料具有不同的质地。针对现有的建筑模型材料，切割方法可以分为手工裁切、手工锯切、机械切割、数控切割四种方式。

1. 手工裁切

手工裁切是指使用裁纸刀、刀片等简易刀具对模型材料作切割，通常还会利用三角尺、模板等定型工具。它能切割各种纸材、塑料及薄木片，是手工制作的主要形式。裁切时要合理选择刀具，针对单薄的纸张与透明胶片一般选用小裁纸刀，操作时能均匀掌握裁切力度；针对硬质纸板、PVC 板、PS 板等则要选用大裁纸刀，保证切面平顺光滑（图4-17、图4-18）。

在裁切硬度较高的纸材或塑料时，一定要采用三角尺，将其作为辅助工具，一只手将尺面固定于桌面上，手指分散按压在三角尺的斜边与直角上，形成牢固的三

图4-14　模型定位

图4-15　圆弧形定位

图4-16　转角处理

角支点，另一只手持裁纸刀沿着三角尺斜边匀速裁切，刀柄要与台面成 45°，力度要适中（图 4-19）。厚度较大的纸材不宜追求一次成功，可以做多次裁切，注意第一次下刀的位置要准确，形成划痕后才能为第二刀、第三刀提供正确的施力点。当型材被切割成半连接状态时，不能将其强制撕开，否则容易造成破损。对于非常单薄的纸张不宜对折后从侧边裁切，易造成切缝不平整。此外，在裁切彩色印刷纸板时，应该从印刷面下刀，这样能保证外观边缘整齐光洁。

在裁切质地轻柔的 PS 板、KT 板时，最好选用大裁纸刀或宽厚的刀片，方便对宽厚的型材均衡施力。操作时仍然需要以三角尺为参照，正确固定后要将刀片倾斜，与板面成 30°，再做匀速移动，中途不宜

停顿，以防切面产生顿挫（图 4-20）；裁切速度不能过快，否则刀具容易偏移方向。裁切操作需一步到位，一次成型。为了保证型材的切面平顺自然，一次裁切长度应不超过 400 mm。如果需要加工 500 mm以上的 PS 板或 KT 板，可以两人协同操作，即一人用双手固定按压丁字尺，另一人持大裁纸刀裁切。此外，裁切这两种型材需要使用锋利的刀片。在整个模型的切割工序中，可以首先加工这两种型材。

在裁切质地轻脆的薄木板时，可以从纹理细腻的装饰面下刀，用力裁切至板材厚度的 50％ 时，即可用手轻松掰开（图4-21、图 4-22），最后使用 240 # 砂纸打磨切面边缘。

无论裁切何种材料，刀具都要时常保持锋利的状态。落刀后施力要均衡，裁切

图 4-17　手工裁切 PVC 板

图 4-18　手工裁切 PS 板

硬质材料　　45°　　裁切方向　　台板

图 4-19　裁切硬质材料

软质材料　　30°　　裁切方向　　台板

图 4-20　裁切软质材料

速度要一致。针对一刀无法成功切割的坚韧材料，也不能过于心急，重复操作即可。手工裁切看似简单，但技法多样，需要制作者长期训练。

2. 手工锯切

手工锯切是指采用手工锯对质地厚实、坚韧的型材进行加工，常用工具有木工锯与钢锯两种。木工锯的锯齿较大，锯切速度较快，适用于加工实木板、木芯板与纤维板等。钢锯的锯齿较小，适用于加工金属、塑料等质地紧密的型材。

锯切前要对被加工材料进行精确定位放线，并预留适当的锯切损耗。其中木材要预留 1.5 ~ 2 mm 的宽度，金属、塑料要预留 1 mm，单边锯切的长度应不超过 400 mm，避免型材产生开裂。锯切

时要单手持锯，另一只手将被加工型材固定在台面上（图 4-23）；针对厚度较大的实木板，也可以用脚踩压固定（图 4-24）。锯切幅度不应超过 250 mm，熟练后可以适当提高频率。锯切型材至末端时速度要减慢，避免型材产生开裂。锯切后要对被加工型材的切面边缘进行打磨处理。木质材料还可以进一步刨切加工。

手工锯切能解决粗大型材的下料、造型等工艺问题，但是不能深入塑形。针对弧形或曲线边缘还是要采用专用机械来加工。

3. 机械切割

机械切割是指采用电动机械对模型材料进行加工。常用机械有普通多功能切割机与曲线切割机两种。

图 4-21　手工裁切薄木板

图 4-22　掰开薄木板

图 4-23　手工锯切木线条

图 4-24　手工锯切木板

普通多功能切割机采用高速运动的锯轮或锯条，能加工木质、塑料、金属等各种型材。切割面非常平滑，工作效率高。针对硬质塑料或金属材料，处理时要注意避免产生粉尘与火花。材料的推进速度不宜过快。切割机的锯轮或锯条要根据所加工型材的改变随时更换。大型锯齿用于加工木材（图4-25），中小型锯齿用于加工金属、塑料（图4-26），甚至纸材。多功能切割机一般只用作直线切割，对加工长度没有限定。

在建筑模型制作中，曲线切割机的运用更多一些。它能对型材做任意形态的曲线切割，在一定程度上还可以取代锯轮机或锯条机。根据工作原理，曲线切割机又可以分为电热曲线切割机与机械曲线切割

机两种。前者利用电阻丝通电后升温的原理，能对PS方材、板材进行切割处理。PS型材遇热后会快速熔解。这种切割形式非常适用。在条件允许的情况下，也可以自己动手制作一台电热曲线切割机。后者利用纤细的钢锯条上下平移动作，对型材实施切割。操作前要在型材表面绘制切割轮廓（图4-27），双手持稳型材缓慢移动。操作时要注意移动速度，遇到转角形态较大的部位要减慢速度，保证切面均衡受力（图4-28）。

无论操作哪种切割机，头脑都要保持冷静，不要被噪声与粉尘干扰，以免受到意外伤害。

4. 数控切割

数控切割是指采用数控机床对模型材

图4-25 机械切割木柱

图4-26 机械切割PS板

图4-27 绘制切割轮廓

图4-28 机械曲线切割

小/贴/士

电热切割机制作方法

在建筑模型制作过程中，电热切割机的使用比较频繁。可以购买成品设备（图4-29），也可以自己动手制作，制作方法与材料选用都比较简单。

1. 准备材料

工作台1件、木制板材1张、25～50 W降压变压器1只（次级抽头电压为3 V、6 V、12 V）、长度为500～1500 mm的不锈钢电阻丝1段、0.3～0.6 mm弹簧1根。开关、连接线、铁钉、木垫块等辅助材料若干。

2. 组合连接

首先，将电阻丝的一端固定在台板上，另一端拴在弹簧上，弹簧适当拉开并固定在工作台上。然后，将电阻丝两端通过连接线接到变压器的次级抽头上。电阻丝近两端处要用垫块垫高至所需高度。最后，将变压器初级通过开关连接交流电源。待电阻丝通电发热，即可熔化聚苯乙烯板（PS板），最终使板材分离。

3. 通电调整

根据切割宽度调整电阻丝的长度；根据切割宽度与速度调整电阻丝的直径与弹簧拉力；根据切割厚度调整电阻丝的高度；根据电阻丝直径与长度调整次级电压。

料进行加工，又称为CAM。常用数控切割机主要有数控机械切割机与数控激光切割机（图4-30）两种。

操作前要采用专业绘图软件，在计算机上绘制出切割线型图。图形尺度需精确，位置端正。其后将图形文件传输给数控机床，并选配适当的刀具，由机床设备自动完成切割工作。切割过程中无需人工做任何辅助操作，使用起来安全可靠，效率很高。此外，激光切割机还能对有机玻璃型材进行镂空雕刻。唯美、逼真的加工效果令人叹为观止。

CAM软件种类繁多。每种普通数控切割机都会指定专用的控制软件，但是每种软件都有自身的特点，最好能交叉使用。首先，在界面提供的绘图区绘制出设计图形，也可以采用AutoCAD软件绘制后存储为dxf格式在指定的CAM软件中打开，优化全部线条。然后，设定切割类型并选择刀具名称，将一系列参数设定完成后将图形文件储存为待切割文件，并将文件发送给数控机床。最后，将待加工型材安装到机床上，接到指令的数控切割机就会自动工作，直到加工完毕（图4-31、图4-32）。

CAM软件的操作比较简单，操作原理与AutoCAD输出打印图纸类似，关键在于图形的优化。所有线条都要连接在一

图 4-29　电热切割机

图 4-30　数控切割机

图 4-31　激光切割木板

图 4-32　数控切割机制作的模型

起，不能断开，否则模型内部的细节形态就无法完整切割。

第四节
开槽钻孔

开槽钻孔是继定位切割工序后又一高端加工工艺。它能辅助切割工艺对建筑模型材料进行深入加工，满足不同程度的制作需求。

一、开槽

开槽是指在模型材料的外表开设凹槽。它能辅助模型安装或产生装饰效果。槽口的开设形式一般有 V 形、方形、半圆形、不规则形共四种。在厚纸板、PVC 板、PS 板、KT 板等轻质型材上开设 V 形槽或方形槽比较容易。

以在 KT 板上开设 V 形槽为例。首先，需要在型材表面绘制开槽轮廓，一条凹槽要画两条平行线，彼此之间的距离不应超过 5 mm。然后，将裁纸刀先向内侧倾斜，沿内侧线条匀速划切。接着，向外侧倾斜匀速划切（图 4-33）。两次落刀的深度尽量保持一致，最好不要交错，避免将 KT 板划穿。最后，在不足部分可以补上一刀，最终所形成的 V 形槽可以用来折叠成转角造型。

在其他硬质材料上开槽也可以采用切割机辅助（图 4-34），或采用专用刀具与槽切机床作业。如果条件允许也可以购买成品装饰槽板直接使用。

二、钻孔

钻孔是根据设计制作的需要，在模型材料上开设孔洞的加工工艺。孔洞的形态主要有圆形、方形与多边形共三种，钻出的孔洞可以用于穿插杆件、电路照明或构造连接（图4-35），也可以用于外部门窗装饰。

圆孔与方孔的开设频率很高，几乎所有建筑模型都需要开设。孔洞按规格又分为微、小、中、大四类。直径或边长为1～2mm的称为微孔；直径或边长为3～5mm的称为小孔；直径或边长为6～20mm的称为中孔；直径或边长为21mm以上的称为大孔。1～2mm微孔的开设比较简单，直接使用尖锐的针锥对型材进行钻凿，以使其他形体构造能顺利通过或固定。3～5mm的小孔则先锥扎周边，后打通中央，完成后须采用磨砂棒打磨孔洞内

径。6～20mm的中孔开启就比较灵活了，可以借助日常生活用品，如金属钢笔帽、瓶盖、不锈钢管（图4-36）、打孔钳（图4-37）等。锐利的金属模具都能直接用于型材加工。如果规格不符，可以多次拼接加工。21mm以上的大孔开设比较容易。首先，使用尖锐的工具将孔洞中央刺穿。然后，向周边缓缓扩展，使用小剪刀将边缘修剪整齐。最后，采用磨砂棒或240#砂纸将孔洞内壁打磨平整（图4-38）。

使用钻孔机能大幅度提高工作效率，但是不能完全依赖它，因为机械钻孔仅适用于硬质型材（图4-39），而不适合质地柔软、单薄的透明胶片或彩色即时贴，否则容易产生皱褶或破损。可以尝试使用装订用打孔机对后者进行加工，但是孔径尺度有局限性。

图4-33 手工KT板开V形槽

图4-34 机械切割机为纤维板开U形槽

图4-35 钻孔构件用于安装灯具

图4-36 不锈钢管辅助钻孔

图4-37 打孔钳

图4-38 磨砂棒打磨

图4-39 机械钻孔

93

小/贴/士

建筑模型设计制作员

建筑模型设计制作员是指能根据建筑设计图与比例要求，选用合适的模型制作材料，运用模型设计制作技能，设计制作出能体现建筑师思想的各种建筑模型的专业制作人员。他们的主要工作为读懂建筑图、理解建筑师设计思想和设计意图、正确选用和加工模型材料、计算模型缩放比例、制定工艺流程、制作模型。

我国建筑模型从业人员已达120万，其中从事实物建筑模型的专业制作人员占20%以上，即24万以上。其中，70%的制作员就职于模型制作公司；15%的制作员就职于各类展台布置装潢公司；10%的制作员开设独立的建筑模型设计制作工作室；其余5%的人员分布在各大设计院、设计公司、设计师事务所。国外建筑模型设计制作员的职业状况与我国相近，从业人员比我国少很多，但是制作水平更高、更专业。

随着我国城市规划业、建筑设计业、房地产业的高速发展，建筑模型因其形象、直观的特点受到城市规划师、建筑师、开发商、展览商的青睐。这一现象势必促进建筑模型制作业的进一步发展。而投资少、入行易的特点也将吸引更多人加入建筑模型设计制作中。

94

第五节
构造连接

建筑模型材料下料完毕，可以根据设计图纸进行构造连接。建筑模型的连接方式很多，常用的有黏结、钉接、插接、复合连接共四种。

一、黏结

黏结是建筑模型制作中最常用的连接方式，要根据材料特性选用适当的胶黏剂来连接形体构造。一般采用透明强力胶对纸材、塑料进行黏结（图4-40、图4-41）；采用白乳胶对木材进行黏结；采用硅酮玻璃胶对玻璃或有机玻璃材料进行黏结；采用502胶水对金属、皮革、油漆等材料进行黏结；采用软陶黏结后的各种材料还能进一步塑造形体。

黏结前要对黏结面进行必要的清理，避免黏结表面存留油污、胶水、灰尘、粉末等污渍。针对宽厚的表面可以使用打磨机处理（图4-42）。黏结时将胶黏剂均匀地涂抹在被黏结面上，迅速按压黏结面使其平整结合。白乳胶要等待2～3 min

后再黏结。502胶水的黏结速度很快，俗称三秒黏结。无论使用何种胶黏剂，每次涂抹量要以完全覆盖被黏结面为宜，过多或过少都会影响黏结效果。黏结后要保持定型3～5 min，黏结面完全干燥后方可进一步加工。

透明胶、双面胶、即时贴胶纸等不干胶的黏结性能不佳，在建筑模型材料中没有针对性，一般只作为纸材黏结的辅助材料，并且只能用于内部夹层中，不宜作主要胶黏剂使用。不要试图将黏结完成的物件分开，强制拆离会破坏型材表面的装饰层。因此，黏结前一定要对构造连接形式充分考虑，务必一次成型（图4-43）。

二、钉接

钉接采用钉子或其他尖锐杆件对模型材料进行穿刺连接。这是一种破坏型材内部质地的连接方式，一般只适用于实木、PS块（板）、厚纸板等质地均匀的型材。下面介绍几种常用的钉接工艺。

1.圆钉钉接

圆钉又称为木钉，主要用于木质材料之间的钉接（图4-44）。建筑模型的

图4-40　胶黏剂黏结　　　　　　　　图4-41　黏结成形

构造精致，一般选用长 10 ~ 20 mm 的圆钉连接。钉接前要对被加工木材精确切割并将边缘打磨平整，落钉点要做好标记，在直线方向上每隔 30 ~ 50 mm 钉接一枚圆钉，相邻两枚圆钉之间的距离要相等。圆钉的钉接部位距离型材边缘至少 5 mm，防止产生开裂。钉接时单手持铁锤，另一只手扶稳圆钉，使其与型材表面成 90°，将圆钉缓慢钉入。普通木质型材表面的钉头裸露部位要涂刷透明清漆，防止生锈。

圆钉的固定效果很好，但是钉接产生的振动会在一定程度上破坏已完成的构件。因此，在加工时要安排好先后次序，减少不必要的破坏。

2. 枪钉钉接

枪钉又称为气排钉，是利用射钉枪与高压气流将钉子射出，对木材产生钉接作用的（图 4-45）。枪钉的钉接效应良好，提高了工作效率。在建筑模型制作中，一般选用长度为 10 ~ 15 mm 的枪钉，落钉点间距为 30 ~ 50 mm，钉接部位距离型材的边缘应不小于 3 mm（图 4-46）。钉入型材后钉头会凹陷下去，可以涂抹少

量胶水封平，这同时也能起到防锈作用。

3. 螺钉钉接

螺钉的钉接方式最稳定，一般除木材以外，高密度塑料与金属都可以采用。在建筑模型制作中，一般选用长 10 ~ 15 mm 的合金螺钉，针对木材可以使用尖头螺钉（图 4-47）。钉接时，先用铁锤将螺钉钉入 30%，再用螺丝刀拧紧。针对塑料与金属材料，则先要在型材上钻孔，孔径与选用的螺钉要相匹配。当螺钉穿过后再用螺帽在背部固定，相邻两枚螺钉之间的距离为 50 ~ 80 mm（图 4-48）。螺钉钉接的优势在于可以随意拆装，适合研究性及概念性建筑模型。

4. 订书机钉接

订书机常用来钉接纸张（图 4-49）。在建筑模型制作中，订书机也可以用来钉接各种卡纸、纸板，只是落钉后会在型材表面形成凸凹痕迹，不便再进行装饰。因此，订书机的钉接方式只适用于模型内部。它强有力的固定效果大大超过胶黏剂。钉接时，以两枚钉为 1 组，两枚钉之间保持 10 mm 的平行间距，钉接组之间的间距应不大于 80 mm（图 4-50）。它能在一定程

图 4-42　机械打磨

图 4-43　纸材粘结模型

度上取代胶黏剂。

除上述工具以外，在模型制作中根据材料特性采用图钉、大头针等尖锐辅材，均能达到令人满意的效果。

三、插接

插接是利用材料自身的结构特点相互穿插组合而成的连接形式。它的连接工艺需要预先设计，在型材上切割成插口（图4-51）。插口产生后会影响建筑模型的外观效果。因此，插接形式一般只适用于概念模型（图4-52、图4-53）。

此外，还可以将其他辅助材料作为插接结构，如竹质牙签、木棒、ABS杆（管）、小木杆等（图4-54）。首先，在原有型材上根据需要钻孔；然后，将辅材穿插进去；最后，对插接部位涂抹胶黏剂，作强化固定。插接工艺适用于构造性很强的概念模型。插接形式要做到横平竖直，稍微的倾斜都会影响最终的表现效果。

图4-44 圆钉钉接

图4-45 射钉枪

图4-46 枪钉钉接薄木板

图4-47 螺钉钉接薄木板

图4-48 安装螺钉

图4-49 订书机

四、复合连接

复合连接即同时采取两种或两种以上连接方法对建筑模型构造进行拼装固定。在某些条件下，当一种方法不能完全奏效时，可以用其他方法来辅助加固。例如，使用透明强力胶黏结厚纸板时，容易造成纸面黏结而纸芯分离，出现纸板开裂、变形等不良后果。这时为了强化连接效应，可以在关键部位增加订书机钉接，使厚纸板之间形成由内到外的实质性连接。木质型材之间一般采用射钉枪钉接，但是接缝处容易产生空隙，在钉接之前可以在连接处涂抹白乳胶，使钉接与胶接双管齐下，加强连接力度（图4-55）。

复合连接会增加模型制作工序。如果原有连接工艺完善可靠，大可不必画蛇添足。现代商业展示模型多采用复合连接方式来固定各种配饰，如行人、车辆、树木等（图4-56）。

图4-50　订书机钉接纸板

图4-51　裁切小木杆

图4-52　木柱插接构造

图4-53　ABS柱插接构造

图4-54　牙签与木棒

图4-55　复合连接的模型基础

图4-56　复合连接的商业展示模型

第六节
配景装饰

配景装饰是指建筑模型中除模型主体以外的其他构件。它们对主体模型起配饰作用，能丰富场景效果，提高模型的观赏价值。配景装饰一般包括底盘、地形道路、绿化植物、水景、构件五个方面。

一、底盘

底盘是建筑模型的重要组成部分，对主体模型起支撑作用。平整、稳固、宽大是模型底盘制作的基本原则。在具体制作中还要考虑建筑模型的整体风格、制作成本等因素。以下介绍两种常见的底盘制作材料。

1. 聚苯乙烯板底盘

聚苯乙烯板（PS板）的质地轻盈，厚度有多种规格，制作建筑模型时可以根据模型的体量适当选择。底盘边长小于400 mm时可以选用厚15 mm以下的PS板或两层厚5 mm的KT板叠加；底盘边长为400～600 mm时，可以选用厚20 mm的PS板或3层厚5 mm的KT板叠加；底盘边长为600～900 mm时，可以选用厚25 mm的PS板，表面覆盖厚1 mm的纸板或厚1.5 mm的PVC发泡板；底盘边长大于900 mm时，可以选用厚30 mm以上的PS板，表面覆盖厚1.2 mm的纸板或厚2 mm的PVC发泡板（图4-57）。PS板与KT板具有质地轻、韧性好、不变形等优点，是制作普通纸材模型、塑料模型底盘的最佳材料。如果需要在建筑模型中增加电路设施，也能将电线轻松穿插至板材中间并将其向任意方向延伸。

然而，成品 PS 板与 KT 板的切面难以打磨平整，需要应用厚纸板、瓦楞纸或其他装饰型材作封边处理，以保持外观光洁。

2. 木质底盘

木质底盘质地浑厚，一般选用厚 15 mm 的实木板、木芯板或中密度纤维板制作，边长可以达到 900 mm。大于 1200 mm 的模型底盘须采用分块拼接的方式加工，即由多块边长为 1200 mm 以下的木质板材拼接而成，以避免板材发生变形。如果木质底盘有厚度要求，也可以先用 30 mm×40 mm 的木龙骨制作边框，中央纵向、横向龙骨间距为 300 ～ 400 mm，最后在上表面覆盖一层厚 15 mm 的实木板。

通常情况下会保留木质底盘上的原始木纹，或在表面钉接薄木装饰板。其装饰风格要与建筑模型主体相映衬，板材边缘仍须钉接或粘贴饰边，避免底盘边角开裂（图 4-58）。厚重的实木底盘适用于由实木、金属材料制作的建筑模型或由石膏、泥灰材料制作的地形模型。如果只是承托

由厚纸板、PVC 发泡板、KT 板等轻质材料制作的建筑模型，也可以选用木质绘图板（画板）。绘图板质地平整，内部为空心构造，外表覆盖薄木板，质量较轻，方便搬移，是轻质概念模型的最佳选择。此外，用于制作底盘的材料还有天然石材、玻璃、石膏等。它们均能起到很好的装饰效果。

无论采用哪种材料，建筑模型的底盘装饰效果都来自边框。边框装饰的好坏是模型底盘档次的体现。在经济条件允许的情况下，可以选用不锈钢方管、铝合金边条、人造石边框，甚至定制装饰性很强的画框，运用这些材料会给模型锦上添花。

二、地形道路

地形道路具有规则感与方向感，在建筑模型中能间接表达建筑方位。其富有力量的线条与建筑主体形成鲜明的对比，是城市建筑外观模型不可缺少的配景。

1. 等高线地形模型

等高线地形模型是用等高线表示地面高低起伏的建筑模型。在模型制作中，根据等高线的弯曲形态可以判断地表形态的一般状况。

图 4-57　聚苯乙烯板模型底盘

图 4-58　实木板模型底盘

99

制作等高线地形模型要选择适当的材料，可以以材料的厚度按比例表示想要表现的坡度阶梯，常用材料有 PVC 发泡板与 KT 板（图 4-59）。木质模型可以搭配使用薄木板或箱纸板。这些板材厚度一般为 3 ~ 5 mm。首先，将图纸拓印在板材上逐块切割下来，先切割位于底部的大板，后切割上层的小板。然后，将所有层板暂时堆叠起来，直到能用部分薄板代表山顶或其他小地域为止。堆叠时应该标上结合线与堆叠序号，防止发生错乱。最后，在每层等高线薄板上，给坡度加上标签，用以辅助计算海拔高度。

木质等高线地形模型也可以进一步加工成实体地形模型，即在叠加的木板上涂抹石膏或黏土（图 4-60、图 4-61），使地形表面更柔和、更真实。

2. 道路模型

规划类建筑模型的道路主要由路网与绿化构成（图 4-62）。路网的表现要求简单明了，一般选用灰色。对于主路、辅路、人行道的区分，要统一放在灰色调中考虑，用色彩的明度变化来划分道路的类别。

在选用厚纸板做底盘时，可以用自身色彩表示人行道，用浅灰色即时贴表示机动车道路，白色即时贴表示人行横道。辅路色彩一般随主路色彩的变化而变化。主路、辅路、人行道的高度差，在规划模型中可以忽略不计。局部区域还要压贴绿地，注意接缝要严密。制作道路时一般先不考虑路的转弯半径，而是以笔直铺设为主，转弯处暂时处理成直角。全部粘贴完毕后，再按其

图 4-59　PVC 发泡板等高线地形模型

图 4-60　黏土地形模型

图 4-61　石膏与白水泥地形模型

图 4-62　规划类建筑模型的道路

图纸的具体要求作弯道处理(图4-63)。

选用ABS板制作底盘贴面时应注意方法。首先,用复写纸将图纸描绘在模型底盘上。然后,将主路、辅路与人行道依次用即时贴或透明胶带遮挡粘贴。最后,用不同种类的灰色喷漆喷涂。使用这种方法要特别注意,遮挡喷漆的纸张要密封严密,不要让喷漆破坏已完成的饰面。

三、绿化植物

绿化植物是建筑外观模型中不可缺少的配景。它具有体量小、数目多、占地面积大、形体各异等特点。以下介绍几种常见的制作方法。

1. 绿地

绿地在整个盘面所占的比重相当大。在选择绿地颜色时,选择深绿、土绿或橄榄绿较为适宜。深色调显得比较稳重,而且还可以加强与建筑主体、绿化细部间的对比。但是,也不排除为了追求形式美而选用浅色调的绿地。在大面积选择浅色调绿地时,应该充分考虑绿地与建筑主体的关系,同时还要通过其他绿化配景来调整色彩的稳定性,否则整体色彩将会让人产生漂浮感。在选择绿地色彩时,还可以参考其建筑主体色彩,采用邻近色的手法来处理(图4-64、图4-65)。如果建筑主体是黄色调,可以选用黄褐色来处理大面积绿地,同时采用橘黄色或朱红色配景。采用这种处理手法,能使

101

图4-63　建筑模型道路

图4-64　绿地制作材料

图4-65　用草皮纸制作绿地

图4-66　建筑模型中的绿地与植物配景

主体建筑与周边环境更加协调（图4-66）。

在选用仿真草皮或纸张制作绿地时，要注意选择合适的胶黏剂。如果是在木材或纸材底盘上粘贴，可以选用白乳胶或自动喷胶；如果是在有机玻璃板底盘上粘贴，可以选用自动喷胶或双面胶。使用白乳胶粘贴时，一定要注意将胶液稀释后再用。在选用自动喷胶粘贴时，一定要选用高黏度喷胶。

此外，现在还比较流行用自动喷漆来表现大面积绿地。自动喷漆操作简便，只要选择合适的色彩即可。喷涂时要根据绿地的具体形状，用报纸遮挡无须着色的部分。报纸的边缘密封要严实，避免破坏其他饰面。

2. 树木

树木是绿化的一个重要组成部分。大自然中的树木形态各异。要将各种树木浓缩到建筑模型中，需要制作者具有较强的概括力及表现力。

制作树木的泡沫塑料一般分为两种。一种是常见的细孔泡沫塑料，俗称海绵。这种泡沫塑料密度较大，孔隙较小，用于制作树木局限性较大。另一种是大孔泡沫塑料，密度较小，孔隙较大，是制作树木的较好材料。

树木抽象的表现方法是指通过高度概括与比例尺变化而形成的一种表现形式。制作树木时，通常将树木的形状概括为球状与锥状，从而区分阔叶树与针叶树。在制作球状阔叶树时常选用大孔泡沫塑料。大孔泡沫塑料孔隙大，蓬松感强，表现效果优于细孔泡沫塑料。首先，将泡沫塑料按树冠直径剪成若干个小方块。然后，修整棱角，使其成为球状体。最后，着色完成树木的制作（图4-67）。有时为了强调树的高度，还可以在树球下加上树干。

利用纸板制作树木是比较流行且较为抽象的表现方法。首先，选择纸板的色彩与厚度，最好选用带有肌理装饰效果的纸张。然后，按照尺度与形状裁剪。这种树一般是由一片或两片纸裁剪后折叠而成。为了使树体大小基本一致，当形体确定后，可先制作一个模板再进行批量制作，这样能保证树木的形体与大小整齐划一（图4-68）。

树木的具象表现方法是指树木随着模型比例的变化而变化，或随着建筑主体深

图4-67　用泡沫塑料制作抽象树木

图4-68　用纸板制作抽象树木

102

度的变化而变化的一种表现形式。在制作阔叶树时，一般要将树干、枝、叶等部分表现出来。首先，制作树干部分，将多股电线的外皮剥掉，将内部铜线拧紧，并按照树木模型的高度将其截成若干节，再将上部枝杈部分劈开，树干就制作完成了。然后，对树冠部分进行统一着色。树冠部分一般选用细孔泡沫塑料或棉絮，在制作时先进行着色处理。染料一般采用水粉颜料，着色时可将泡沫塑料或棉絮染成深浅不一的色块。接着，在事先做好的树干上部涂上胶液，将涂有胶液的树干部分黏结泡沫塑料或棉絮，放置一旁干燥。最后，待胶液完全干燥，可将上面的多余粉末吹掉，用剪刀修整树形即可。

如果条件允许，可以购置成品树干，在树干上喷涂胶水，蘸上绿色海绵粉待干（图 4-69 ~ 图 4-71）。安装时用锥子在底盘上钻孔，将树干底端蘸上透明强力胶黏结即可。成品树干具有良好的装饰效果，只是价格较高（图 4-72）。

3. 花坛

花坛也是环境绿化的组成部分。虽然面积不大，但如果处理得当，也能起到画龙点睛的作用（图 4-73）。制作树池与花坛的材料一般为绿地粉或大孔泡沫塑料。

选用绿地粉时，首先，将树池或花坛底部涂上白乳液或胶水。然后，均匀撒上绿地粉并用手轻轻按压（图 4-74）。最后，将多余部分清除。这样就完成了树池与花坛的制作。选用绿地粉色彩时，应以绿色为主，加入少量的红、黄粉末，使色彩感觉更贴近现实。

图 4-69　PVC 树木喷漆

图 4-70　彩色海绵粉

图 4-71　树干黏合海绵粉

图 4-72　树木安装

选用大孔泡沫塑料制作花坛时，首先，应将染好的泡沫塑料块撕碎。然后，沾胶水进行堆积，即可形成树池或花坛。色彩一般有两种表现形式：一是由多种色彩无规律地堆积而成；二是自然退晕的表现形式，即产生由黄到绿或由黄到红等过渡效果。另外，处理外边界线的方法也很独特，采用小石子或米粒堆积粘贴。外部边缘界线应处理成参差不齐的效果，这样会显得更自然、更别致。

四、水景

水面是各类建筑模型中，特别是景观模型中经常出现的配景之一。水面的表现方法应该随建筑模型的比例、风格变化而变化。制作比例尺较小的水面时，可以忽略水面与路面的高差，直接用蓝色卡纸按

形状剪裁后粘贴即可。另外，还可以使用蓝色压花有机玻璃板替代（图4-75）。

制作比例尺较大的水面时，首先要考虑如何将水面与路面的高差表现出来。通常将底盘上水面部分做镂空处理，然后将透明有机玻璃板或带有纹理的透明塑料板按设计高差贴在镂空处。接着，用蓝色自动喷漆在透明板下面喷上色彩，或在透明塑料板下面压上蓝色皮纹纸。用这种方法表现水面可以区分水面与路面的高差。透明板在阳光照射与底层蓝色材料反衬下的效果比较真实（图4-76）。

如果大型建筑模型需长期放在高档商业展示场所，可以考虑定制玻璃水缸，注入深度少于150 mm的自来水，并在建筑模型的底部增加立柱构造支撑。立柱构造可以选用有机玻璃板（管）制作。缸底可

图4-73　建筑模型花坛植物

图4-74　铺撒绿地粉

图4-75　概念建筑模型水面

图4-76　展示建筑模型水面

以撒上碎石等装饰品，甚至可以考虑安装潜水泵，放养小型观赏鱼。真实水景模型具有很强的观赏展示效果，应定期给水缸换水以保持水体洁净。此外，模型的底盘应具有一定强度，能保持平整，轻质模型底盘可以直接选用厚 25 ～ 40 mm 的 PS板，这样整个模型就能浮在水面上（图4-77）。

五、构件

配景中的构件主要是指预制成品件，即能直接购买应用的装饰配件，主要包括路牌、围栏、建筑小品、家具、人物、车辆等。随着商品经济的发展，建筑模型制作已经形成了成熟的产业链，各种比例的成品配景构件都能买到。但是如果构件的用量大而预算资金少，仍然需要按部就班地制作。

1. 路牌

路牌是一种示意性标志物，由路牌架与示意牌组成（图 4-78）。在制作这类配景时，要根据比例与造型制作。一般以PVC 杆、小木杆作支撑，用厚纸板做示意牌。示意牌上的图形需预先通过计算机软件绘制，打印后粘贴到厚纸板上。

路牌架的颜色一般选用灰色，可以使用自动喷漆涂装。绘制示意图时，一定要用规范的图形，具体形式可以参考相关国家标准，比例一定要准确。

2. 围栏

围栏的造型多种多样。由于受比例尺与手工制作等因素的制约，很难将其准确地表现出来，可以概括处理。

制作小比例围栏时，最简单的方法是，将计算机绘制的围栏图形打印出来，必要

图 4-77 建筑模型真实水面

■ 简单制作马赛克

首先，确定制作马赛克的面积、底面及材料，在地面材料（卡纸或有机板）上画网格线，注意间距要统一。然后根据网格尺寸切割板材、纹案装饰纸，规格要均匀统一。最后，不同材质的装饰纸交叉粘贴，可以用镊子辅助粘贴，粘贴时尽量做到整齐划一。

时也可以手绘，然后将图像按比例用复印机复印到透明胶片上，按轮廓裁下粘贴即可。

此外，还可以用圆规的针尖将围栏图形画在厚 1 mm 的透明有机玻璃板上，然后用选定的水粉颜料涂染，并擦去多余颜料，即可制成围栏。这种围栏具有凹凸感，且具备不受颜色制约的特点。

大比例围栏可以采用 ABS 杆或小木杆制作，纵向、横向要注意平整，体量要端庄，最后喷涂色彩即可。此外，也可以制作扶手、铁路等模型配景。如果对仿真程度要求很高，最好购买成品件（图 4-79、图 4-80）。

3. 建筑小品

建筑小品包括的范围很广，如建筑雕塑、浮雕、假山等。这类配景在整体建筑模型中所占的比例相当小，但往往能起到画龙点睛的作用。一般来说，多数制作者表现这类配景时，在材料的选用与表现深度上把握不准。

制作建筑小品时，在材料的选用上要视表现对象而定，一般可以采用橡皮、黏土、石膏等材料来塑造。这类材料可塑性强，经过堆积、塑型便可制作出极富表现力与感染力的雕塑小品。此外，也可以利用碎石块或有机玻璃块，通过黏结、喷色制作形态各异的假山。一般来说，建筑小

小／贴／士

建筑模型中汽车的制作方法

虽然建筑模型中的汽车大多为成品模型（图 4-81），但是也可以根据需要制作。以下介绍两种简单的方法。

1. 翻模制作法

首先按比例与车型制作一个标准汽车样品。然后用硅胶或铅将样品翻制出模具，再用石膏或石蜡进行大批量灌制。灌制、脱模后统一喷漆，即可使用。

2. 手工制作法

如果需要制作小比例的模型车辆，可以用彩色橡皮按形状直接进行切割。如果需要制作大比例模型车辆，最好选用有机玻璃板或 ABS 板进行制作。首先要对车体表面进行概括。以轿车为例，可以将其概括为车身、车篷两大部分。汽车在缩微后，车身基本是长方形的，车篷则是梯形的。然后根据制作的比例用有机玻璃板或 ABS 板加工成条状构件，并用透明强力胶黏结。干燥后，按车身的宽度用锯条切开并用锉刀修其棱角，最后进行喷漆即可。

品的表现形式要抽象化。建筑模型的表现主体是建筑，过于细致的配景会影响整体和谐（图4-82）。

家具、人物、车辆等构件的体量小，细节丰富，形象比较鲜明。模型的观赏者会潜意识地将这些构件与生活中的实物比较。手工制作很难尽善尽美，稍有不慎就会影响整体效果。因此，手工制作的意义不大，建议购买成品件。虽然这类构件的价格较高，但是只要布局均衡、合理分配，一般商业展示模型的投资者都愿意承担（图4-83）。

图4-78　路牌模型

图4-79　建筑围栏模型

图4-80　庭院入口模型

图4-81　成品汽车模型

图4-82　建筑室外小品模型

图4-83　建筑室内家具模型

第七节
电路控制

声、光、电是建筑模型中烘托环境氛围的必要因素。给模型增加电路设备能进一步提高观赏价值。它们已成为现代商业展示模型制作中的亮点。

一、选择电源

建筑模型中的声音、光照、动力都来自电能。要根据模型自身特点与设计要求正确选择电源。常用的电源有电池电源与交流电源两种。

1. 电池电源

电池是日常生活中最简单的供电设备，包括普通电池、蓄电池、太阳能电池等。

普通电池适用范围很广，单枚电池电压从 1.2 ~ 12 V 不等，其使用效能根据内部原料判定。普通碳性电池与碱性电池效能较低，适用于少量发光二极管或小型蜂鸣器，可以用在对声光要求不高的概念模型中。单枚碱性电池电压为 1.5 V，作双联组或四联组使用后即可获得 3 V 或 6 V 的电压，可以维持 4 ~ 8 枚发光二极管持续照明 30 ~ 60 min。使用普通电池安全可靠，计算电压时即使稍有误差也能正常使用（图 4-84）。

蓄电池又被称为可充电电池。它能将外部电能储存在蓄电介质中，反复使用。这类电池主要包括铅酸电池、镍铁电池、氢镍电池、锂电池等。蓄电池外观形态各异，适用范围很广，电能效力持久，供电电压从 1.2 ~ 36 V 不等。在研究性、概念性建筑模型中也可以将手机电池作为临时供电设备。它可以反复充电使用，供电电压一般为 3.6 ~ 4.8 V。连接时须对用电设备的额定电压精确计算。总之，对使用电压要精确计算，保证用电安全，避免电压过低或过高造成危险。

太阳能电池是通过光电效应或光化学效应直接将光能转化成电能的装置，主要用于户外展示模型。太阳能电池能有效降低制作成本，反复使用（图 4-85）。太阳能电池组也可以单独设计，与建筑模型分开，将电池组布置在户外，模型置于室内。此外，还可以根据模型的营销方式，

图 4-84　电池盒

图 4-85　太阳能电池

将电池租赁给客户，待建筑模型展示完毕再回收利用。太阳能电池的应用更加灵活多变，适合房地产博览会或户外群组展示。

2. 交流电源

交流电又称交变电流，一般指大小与方向随时间作周期性变化的电流。我国交流电供电的标准频率规定为 50 Hz。交流电源能持续供电，电压稳定，主要用于大型展示模型。

各种灯具、音响、动力设备都选用 220 V 额定电压。也可以运用变压器将 220 V 转换成 3 ～ 12 V 安全电压并将其用于概念模型中，以满足模型带电作业的要求（图 4-86）。如果想将 220 V 交流电转换成稳定的 5 V 直流安全电压，可以

改造旧手机充电器（图 4-87），将输出电线接头切断，并将"正"与"负"两极单独连接。转换为低压的电源可以用于小型电动机、水泵、照明灯具供电，发热量小、使用安全。需注意经过转换后的电源线长度应不超过 900 mm，避免电线过长产生发热情况而造成安全事故。

二、灯光照明

在建筑模型中安装照明器具，能有效增强原有作品的表现效果（图 4-88）。常用的照明灯具有白炽灯、卤素灯、LED 灯（图 4-89）3 类，照明形式又分为自发光照明、投射光照明、环境反射照明 3 种。

图 4-86　小型电子变压器

图 4-87　旧手机充电器

图 4-88　安装照明器具

图 4-89　发光二极管

1. 自发光照明

自发光照明即在建筑模型内部安装灯具，从模型内部发光照明。这种形式主要用于房地产楼盘展示。将白炽灯灯泡安装在建筑内，灯光可以透过磨砂有机玻璃片向外照射，模拟现实生活中的夜景效果，具有很强的渲染性。此外，还可以将 LED 灯安装在模型道路两侧及绿化设施的路灯中，进一步加强建筑模型的真实感。自发光照明以真实光照为依据，是商业展示模型的首选（图 4-90）。

2. 投射光照明

投射光照明即在建筑模型的外部及周边安装灯具，对模型构件投射发光照明。这种形式用于辅助自发光照明，对自发光无法涉及的面域作补充照明（图 4-91）。一般选用卤素灯安装在建筑模型的底盘周边，也可以在室内顶棚上悬挂照射。卤素灯的照射方向比较明确，平均每 $1 \sim 2\,\mathrm{m}^2$ 底盘面积须布置一只 35 W 卤素灯。安装时要注意避免灯光照射到观众眼中形成眩光，影响展示效果。

3. 环境反射照明

环境反射照明即环境空间为建筑模型提供整体照明。建筑模型完成后，要在模型陈列场所进行专项灯光设计，所形成的环境光会对建筑模型展示效果产生影响。均匀柔和的漫射光可以照亮模型构件之间的阴暗转角。如果室内光线并不理想，可以将模型放置在白色墙壁或浅色屏风旁，让白墙或屏风上的反光成为辅助反射光源。

三、音响与动力

音响与动力是继照明之后的又一种高端表现方式。它能配合灯光为建筑模型营造多媒体展示效果，是现代商业展示建筑模型不可缺少的组成部分。

1. 音响

音响的安装比较容易，但是播放内容要与建筑模型的表现主题相关。简单的音响效果可以采用 CD 机外接有源音箱（图 4-92）。针对大型博览会还可以增加功放机以获得更显著的震撼效果。电源开关与灯光照明同步连接，也可以将 CD 机换成 DVD 机，并增加显示屏或电视机，使建筑方案设计的讲解词、视频图像与背景音乐同步播放，以获得良好的商业效应。

在建筑、草坪、树木、车辆等构件的

图 4-90　自发光照明

图 4-91　投射光照明

隐蔽处安装不同声效蜂鸣器。当电路接通后，音箱会在建筑模型的不同部位先后传出鸟鸣声、风声、落叶声、车辆行驶声等不同声效，让观众有身临其境的感受。

在更高端的布置形式中，还可以在模型构件中增加压感开关。当手指按动模型中某一处建筑、草坪、道路或小品设施时，音箱会传出不同声效，帮助观众分辨不同功能区。

2.动力

动力指动力系统，如风车、水车、旋转展台等，主要用于特殊的模拟场景中，一般需要安装电动机及皮带、齿轮等传动设备。这一部分的设计制作要融合机械、电子技术知识，通过跨学科联合设计。简单的动力系统可以使用输入电压为3V的小型电动机。它体积小、重量轻、便于遮掩，是高档建筑模型中的主要动力设备（图4-93）。

四、无线遥控

无线遥控能通过无线电信号传输来达到控制电路设备的目的。无线遥控分为发射与接收两部分。发射部分也就是无线遥控器，其原理是对控制指令编码之后将其通过调制方式发送出去，接收器接收到遥控信号后，通过解码得到控制指令，从而控制电路设备的运行。无线遥控在建筑模型制作中主要形式为无线遥控开关（图4-94），可满足0～50m有效距离内对建筑模型的灯光、音响、视频、动力等设备进行无线控制的要求。

无线遥控可以用于建筑模型的讲解演示。操控者无需与模型实体发生接触便能达到控制目的，能在很大程度上提高模型的档次（图4-95）。可以直接购买成品套件来安装这类设备。与电路连接时要注意供电电压，电路安装环境一定要符合遥控设备的使用要求。

111

图4-92　有源音箱

图4-93　小型电动机

图4-94　无线遥控开关

图4-95　建筑模型遥控照明

■ 电梯楼控

电梯楼控其实就是一种电梯控制技术。在原有的电梯上安装一个类似门禁的系统装置，只有刷卡后电梯才会启动，将业主送达指定的楼层。

电路的连接方式

小/贴/士

当连接的用电设备比较多时，就需要对用电设备进行全面设计。电路的连接方式有并联与串联两种。

并联是指将用电设备并列连接起来所组成的电路，适用于音响、照明灯、电动机等额定电压较高的用电设备。通常220 V交流电设备使用并联电路，其中某一设备损坏并不影响其他设备的使用。串联是指将用电设备顺次连接起来所组成的电路，适用于发光二极管、蜂鸣器、玩具电动机等额定电压很低的用电设备。通常36 V以下的直流电设备使用串联电路，串联电路上的某一用电设备损坏会影响其他设备的正常使用。

在模型制作中常常会将并联电路与串联电路混合连接。遇到这种复杂情况须对额定电压做精确计算。

第八节
模型拍摄

建筑模型完成后需要使用相机拍摄永久保存。拍摄是对建筑模型设计与制作的二次表现。拍摄建筑模型时需要重视选择器材、取景构图、布置光源3个方面。

一、选择器材

由于建筑模型的体积不大，主要表现局部细节，因此一般选择近景与微距功能较强的相机。具体相机品牌与型号可根据经济能力来选择。

普通数码相机质地轻，镜头不可更换，最好选择专业相机（图4-96）。使用专业相机拍摄模型时须将相机安装在三脚架上（图4-97），使用电子快门线或遥控

器控制。因为近距或微距拍摄对握机的稳定性要求很高，轻微的抖动都会破坏画面质量。有了三脚架固定，在相机操控中最好选择光圈优先的拍摄模式。它在任何光照环境下都能清晰表现模型细节。如果条件有限也可以选用小型台式三脚架。它能将相机放置在模型底盘上近距离拍摄。如果手持相机也可以利用桌面或座椅靠背作支撑固定，在环境光源良好的情况下也能保证成像清晰。

图4-96 单反数码相机　　图4-97 三脚架

二、取景构图

拍摄建筑模型要对周边环境做情景准备。使用台布或遮板将模型以外的场景遮掩住，保证模型是唯一的拍摄主体。台布或遮板的颜色也会对建筑模型产生反射效应。如果只做简单的布景，可以直接购买纯色的背景布，或选择质地较好的绘图纸，白色背景适应性比较强。如果建筑模型色彩偏淡，也可以选择黑色、蓝色或红色背景穿插搭配，需要根据实际拍摄灵活把握。

以第一人称视角对建筑模型进行微距拍摄时，可以将模型搬运至草坪上拍摄，利用户外建筑、树木、天空、石堆等真实景观来烘托建筑模型（图4-98）。取景要巧妙，合理利用相机的景深效果虚化环境，不能喧宾夺主。

图4-98 室外借景拍摄

图4-99 鸟瞰拍摄构图

在建筑模型拍摄中构图很重要。一般而言，对建筑内视模型与规划模型进行对角鸟瞰拍摄，能综观模型全貌（图4-99）；对建筑单体模型进行平视或近距离拍摄，着重表现模型的构造细节（图4-100、图4-101）；对概念性建筑模型还可以进一步端正拍摄角度，分别拍摄模型各平面、立面效果，这有助于记录模型的尺寸与比例。但是无论从哪种角度拍摄，都要保证最终画面的完整，不应遗漏重要的细节。

三、布置光源

布置光源是决定拍摄质量的关键。光线照射到模型表面会产生明暗不均的反差。摄影正是利用这种光影效果来突出立体感的。在正常情况下，普通建筑模型没有安装照明设备，可以将其搬至室外拍摄，但是要注意避免阳光直射。室内拍摄也可以采用普通台灯配合节能灯泡照明，利用白卡纸板或专用反光板的反射面，能将光反射到模型上以获得散射光与柔和光。但是这时候要注意，相机中的自动白平衡会不准确，最好用反光板手动调整白平衡。如果条件有限，也可以直接利用自然光。若利用得当，也能产生不错的效果。

布置主光源灯时，灯具的位置要根据相机的位置来确定。不要将光布于模型正上方，这样很难表现建筑模型的立体感。一般选择45°的入射光源，这样拍摄出来的光影效果最平衡。如果选择平行拍摄角度，主光源灯可以放在30°左右（图4-102）。

相机的微距拍摄

　　普通数码相机上通常有一个花朵图案按钮。这就是微距拍摄的转换按钮。微距摄影是数码相机的特点之一。微距适用于拍摄模型的局部细节（图4-103）。

　　微距摄影力求将拍摄对象展露无遗。其中，相机镜头的放大率直接影响着微距拍摄效果。我们经常听到某镜头能拍摄出 1∶1、1∶2 的微距效果。这些比例便是指镜头的放大率。左边的数值代表相机传感器平面上影像的大小，右边的数值则代表实际主体的大小。当镜头能达到 1∶1 的放大率时，可将实物的真实大小完全投射到传感器平面上。

　　现在的数码相机微距功能强弱不等，有的为 100～200 mm，有的可以达到 10～20 mm 的微距。对于单反数码相机而言，微距的拍摄能力由镜头决定。微距镜头是最容易使用的拍摄器材。它的最高解像度与最高反差度是焦点在近距离时表现出来的，故要拍摄高质素的微距照片，必须选择微距镜头。为配合不同的需要，市面上有不同焦距的微距镜头可供选择，有 20～135 mm 不等。较广角的微距镜头多连同伸缩腔一同使用。若使用 20 mm 微距广角镜连同伸缩腔，便能达到高达 5∶1～12∶1 的放大率。

图 4-100　平视拍摄构图

图 4-101　近距离拍摄构图

图 4-102　建筑模型布光示意

图 4-103　微距拍摄

第九节
案例分析：现代空间建筑模型

这件模型在彩色光线映照下，借着泛碧波的底面显得超凡脱俗。模型、底面、光线三者珠联璧合，使得整个作品大气、清新、流畅。

一、建立模型

这是个简洁明了的作品，构造极其现代。整个模型以方体、柱体与曲面为元素，采用 PVC 发泡板制作基础形体。管道侧面采用瓦楞纸覆面，留空构造为透窗与出入口。

二、组合模型

将完成的模型构件进行组合。由于曲面形体黏结时格外要求拼接的准确性，上胶后需要长时间固定。底座选用质地坚硬的塑料管作柱底支撑，打破传统支撑方式，改用散状的点式来支撑模型。曲线比是按照人体工程学来设定的，无论从模型的手感，还是实体建筑的视觉感受来看都很完美（图 4-104）。

墨绿色瓦楞纸

3 mm厚PVC发泡板

绿色皮纹纸

25 mm厚PS板底盘和KT板饰面

1.2 mm厚银色纸板

φ15 ABS管

图 4-104　现代空间 I

三、饰面修整

将组合的模型按比例叠加，在顶面贴上绿色草皮纸，侧面采用蓝色透明胶片装饰。底面选用蓝色透明胶片垫底，营造海水的感觉。模型底面安装彩灯，光线通过透明胶片反射到周边的物体上，反射光衬托出模型的灵动。底面以圆形为元素，将亭台水榭做成蘑菇状，打破空寂"碧波"亭台水榭下的点状草坪，突出环保理念，给人清新之感（图4-105）。

裁切造型

草皮纸

墨绿色瓦楞纸

组合拼装

彩灯

1mm厚蓝色透明胶片

图4-105 现代空间2

1. 分析合理搭配模型材料的原则。

2. 尝试对多种建筑模型材料进行定位切割，掌握操作技巧。

3. 选用多种胶黏剂黏结不同的模型材料，分析材料与胶黏剂的特性。

4. 根据设计图纸制作 1～2 件建筑模型。

5. 选择合适的电源为建筑模型提供照明。

6. 使用数码相机拍摄建筑模型的制作过程。

第五章

模型制作步骤与精品赏析

章节导读

在现有制作条件下，大多数建筑模型的制作步骤都相同。设想可能出现的结构问题，并提出妥善的解决方法。型材下料的工艺要精湛。它是建筑模型质量的保证，为紧接其后的安装工艺打下基础。拼接组装的重点在于方法得当，先后顺序不能颠倒，构件之间的逻辑关系要明确，要善于掌控各种连接材料与构件的特性，务必做到一次成功。整体调整要深入至细节，进一步处理好配景与主体建筑的关系。

欣赏优秀建筑模型的主要目的是提升制作者的审美标准，使其在独立制作建筑模型时，能在头脑中建立参照对象，不断比较自己的作品与范例之间的差距，促使其制作水平不断提高。优秀作品的共性在于制作工艺精细、材料选配得当、布局规划完整。想达到这些标准并不难。在学习阶段，可以以优秀建筑模型为范本，综合应用模仿、参考、独创3种方法，快速提高建筑模型的设计和制作水平（图5-1）。

学习难度：★☆☆☆☆

重点概念：制作次序、拼接组装、工艺、创新

图 5-1　房地产建筑规划模型

第一节
静谧巢居建筑模型

在远古时代，人类在探险、工作、劳累之后需要找个安全舒适的地方休息，而树上既干燥、防兽、防虫，搭建的顶棚还可遮阳挡雨。天冷了，再筑起四壁防寒。人类在恶劣环境中，靠着顽强的生存能力繁衍至今，形成了当今的文明社会。

一、模型分析

这件建筑模型在立意上具有一定创新性，以自然界树木生长形态为雏形。因为收集整理的枯枝有三级分叉，加之自然界树冠高度与树冠横截面积呈正比，且与承载力度呈反比，所以可以将这件模型的主体建筑分为 3 层。为了使居住者能够与大自然亲密接触、无碍交流，方案采用半封闭的形式，棚屋与露台相结合，借徐徐清风、婆娑树影，营造出与喧嚣都市截然不同的静谧空间（图 5-2）。

二、材料选择

为了达到与自然环境和谐统一的效果，多选择质感粗犷的天然材料。除树枝、杂草、草绳外，还有竹筷、牙签、1.2 mm 厚木纹饰面纸板、细铁丝、粉笔、普通纸张与各种小电子元件等（图 5-3）。

三、加工拼装

枯枝的生长形态与尺寸难以达到实际要求。可以将多根枯枝由基部用细铁丝绑扎在一起，表面再抹一层石膏，仿照树皮做出肌理效果，并施以广告色以掩饰绑扎的痕迹，最后固定在牢靠厚实的木质底座上。

制作结构骨架时，可以根据树木生长

采集树枝

草绳固定

竹筷

木方底座

石膏抹面造型

1.2 mm厚木纹饰面纸板

杂草

铁丝固定

图5-2 别墅里居1

1.5 mm厚ABS板屋顶

木质方杆楼梯

杂草

木质方杆栏杆

杂草

图5-3 别墅里居2

的形态将竹筷作为构架绑扎在树干上，初步界定3个空间平面，在构架交界处黏结柱体，进而向上搭建屋顶梁架。

制作地板、墙面与屋顶时，将木纹饰面纸板裁切成条状，再根据实际比例及树枝与各平面、立面穿插关系进一步黏结地板与墙体。这个过程最为烦琐，非常考验耐心。每块板材都要细致调整，尤其是与枝干交界处，要依具体情况做出适时裁切调整。最后将收集的杂草剪成30~40 mm的小段，用棉线捆扎成束，铺设在梁架上（图5-4）。

四、配饰营造

为了突出树屋的主体地位，环境布置上没有考虑过多的修饰，仅用石膏简单塑造出自然地形，再将制作干草屋顶的边角余料进一步剪短切碎，铺粘在石膏地形上形成草地。

为了进一步为建筑模型营造浪漫氛围，在一侧大枝上垂挂了秋千。一些小巧精致的手工配饰，如用牙签制作的竹帘、用粉笔头雕刻的盆花、用发光二极管弯制的灯罩，以及用彩纱缝制的微型抱枕等，为模型增添了不少点睛之处（图5-5）。

五、修饰细节

为了提升仿生创意的建筑模型的观赏价值，在制作最后应当进行整体修饰，使用小剪刀、砂纸等工具修整各构件的边缘。对各构造之间的连接点进行强化固定，避免在搬运、展示过程中出现脱落、断裂的现象。

牙签制作竹帘

布面枕头

成品装饰植物

草绳木方制作挂梯

图5-4　静谧巢居3

1.2 mm厚木纹饰面纸板

完成建筑模型

图5-5　古窑里居4

第二节
酒店公共卫生间建筑模型

这套模型的原型是一个酒店的卫生间。卫生间里充斥着鬼魅的火红色，黑色条纹更增添了妖媚的气氛。大面玻璃让空间显得幻境十足，冰冷的不锈钢材料的应用令空间更加神秘。洁具隐藏在门后，长度近2 m的水槽在灯光的照射下成为"舞台"中心。

一、模型分析
整件模型塑造的空间呈狭长的矩形，空间划分较为简单。半侧为封闭的小空间，半侧为开放的公共盥洗区域。材料多为反光较强的材料。由于内部细节较多，制作的难度也相应增大。

二、材料选择
使用12 mm厚的白色PVC板制作材料的基层墙体。黑色卡纸附上透明塑料膜做反射较强的地板。红色卡纸与黑色卡纸贴上透明胶带纸表现瓷砖马赛克。水银镜片做模型里的大幅镜面。PC透明板是洗手池的主材，用铁丝制作水嘴。泡沫板是洁具的主材，模型中的不锈钢材料全部采用易拉罐的包装表皮（图5-6）。

小／贴／士

建筑模型的养护方法

　　避免将建筑模型放置在高温、阳光直射或潮湿的环境中。保存的最佳温度为5℃～35℃，湿度为30%～80%，以免造成模型开裂、草皮翘起、线路短路、褪色等。建筑模型的存放要注意防尘，如果有污垢，不能用酒精、天那水等化学用品擦洗，应选用软毛巾轻轻擦拭干净。当有小配件脱落时，应妥善保管并集中黏结，以免丢失。非专业人员不宜接触模型。注意模型电源的稳定性。展示过程中，声、光、水、电系统须在电压正常稳定状态下工作。

平面布置图

KT板制作隔墙

红色卡纸

黑色卡纸

透明胶片

图5-6　酒店公共卫生间1

三、材料加工

模型墙体部分的 PVC 发泡板比较适合用美工刀切割。经放样图纸计算后在其上画好尺寸即可切割成块；PC 透明板则必须用专用的钩刀来切割；加工不锈钢材料的铝制易拉罐使用剪刀剪裁时易出现边缘卷曲的情况，因此最好使用美工刀切割。值得一提的还有瓷砖马赛克的表现。由于马赛克形块很小，因此可以将透明塑料胶带纸贴在彩色卡纸上，再在其上用美工刀画出瓷砖分格。操作时注意力度，不能将纸画透（图 5-7）。

四、组合拼装

模型制作步骤应由分到总，先将模型分类制作完毕再组合拼贴。例如，墙体制作时先将基层按尺寸切割好，采用模型胶黏结，再让表层装饰沿着基层折叠出痕迹，附在基层上面进行固定。模型中的推拉门要在墙体与地面固定之前装入墙体底端预留的凹槽中。玻璃镜装入时，由于自身厚度较厚，直接贴在墙体表面会影响美观，应事先在墙体上开出镜面大小的洞将镜面卡进去，再在墙体背面加以固定。

3层KT板墙体

银色纸板装饰

KT板底座

图 5-7　酒店公共卫生间 2

五、细节处理

盥洗池里的出水口与顶面射灯灯筒，都可以通过直接粘贴由反光纸裁剪好的圆形贴片来模拟。地面地砖缝可以用刀在塑料片上划出痕迹，也可用铅笔在下面的卡纸上画出线条来表现。如果希望表现洁具的反射效果，也可在雕刻好的泡沫板上喷白漆。凡是可以制造出真实效果的手段都不妨拿来试一试（图5-8）。

LED发光二极管照明

3mm厚玻璃镜面

2mm厚PC透明板

墙面覆盖压花PC透明胶片

银色纸板装饰

图5-8　酒店公共卫生间3

六、效果营造

就像真实空间需要灯光创造效果一样，建筑模型也需灯光创造效果。为了模拟射灯效果，可以在模型顶面及地面钻好洞口，将并联的LED灯固定在洞口上，以营造良好的灯光效果。内视建筑模型的制作要领在于精致，模型体量不必很大，但是制作工艺一定要精良（图5-9）。

黑色塑料颗粒夹层

完成建筑模型

图5-9　酒店公共卫生间4

第三节

双层别墅建筑模型

这件模型采取写实的制作手法，将手工习作建筑模型的制作工艺发挥至超高水平。模型制作材料的品种丰富，后期采用一些成品构件，能提高制作效率。从制作至最终效果，都不亚于采用切割机制作的商业展示模型。

一、建立模型

建筑模型主体采用PVC发泡板制作。主要门窗采用蓝色磨砂胶片从内部粘贴。蓝色瓦楞纸制作的屋顶边缘采用ABS方杆收口，使建筑显得更精致。建筑外墙局部铺贴彩色图案贴纸，使建筑显得更有层次。模型的顶盖保留一部分待粘贴，以便随时修整模型的内部构造（图5-10）。

3mm厚PVC发泡板

原始设计图纸

徒手绘制模型图

1mm厚蓝色磨砂胶片

2mm厚压花PC透明板

2mmABS方杆

3mm软木方杆

蓝色瓦楞纸

彩色图案贴纸

成品ABS栏杆

6mm软木方杆

1mm厚压花PC透明板

草皮纸

图5-10　双层别墅1

二、制作配景

将完成的建筑模型主体粘贴至 PS 板底盘上，在模型周围放线定位，铺贴草皮纸制作草地。将彩色图案贴纸粘贴在 PVC 发泡板上，制作地面铺装道路。采用软质木杆制作小品、围墙等。有选择地购置一些成品构件粘贴到模型场景中。配景制作要求特别精致，制作工艺甚至要超过建筑主体，才能满足高标准观赏需求（图 5-11）。

三、铺装绿化

草皮纸接缝部位可以用绿色草粉铺撒掩盖。树木一般购买成品件，用力穿透草皮纸，插入 PS 板底盘中即可。树干根部采用透明强力胶作局部固定。彩色且低矮的树木放置在建筑前方，单一且高大的树木放置在建筑后方。将成品绿化灌木整齐地粘贴至建筑外围的墙角处，仔细修剪整齐。最后，在整体绿化部分表面均匀撒上彩色海绵树粉作为装饰。

双层3mm厚PVC发泡板

25mm厚PS板底盘

成品ABS户外家具

成品PVC灌木

成品树木

5mmABS方杆

3mm厚PVC发泡板 +彩色图案贴纸

图 5-11 双层别墅 2

四、局部修整

由于制作模型所需时间较长，在制作后期，前期制作的模型与配景可能会发生松动或脱落，这时需要使用 502 胶水再次强化固定。将厚纸板裁切为边条，贴在模型底板周边作装饰。最后，使用剪刀、砂纸、裁纸刀将各细节部位重新修整一遍（图 5-12）。

学习制作建筑模型的材料、工具简单，花费的时间并不多，但是掌握制作工艺需要花费更多的时间。提高制作工艺可以使模型的展示、收藏价值更高。建筑模型品质的核心在于制作者，而不是机械设备。在学习过程中可以借用机械设备，但不能完全依赖。

彩色海绵树粉

1.2 mm 厚米色石纹纸板

布纹纸

完成建筑模型

图 5-12　双层别墅 3

第四节
优秀作品欣赏

欣赏优秀建筑模型作品能全面了解模型现状，从别人的作品中找到自己的创作灵感（图5-13～图5-30）。

首先，优秀的模型作品要完整。模型主体建筑与配景陈设一应俱全，细节与比例相应，能正确反映建筑设计的原貌，底座给人稳固、牢靠的感觉。

其次，造型精致。模型各建筑构件之间的衔接自然平和，没有拼装时产生的凸凹痕迹，门窗边框粗细一致，配景植物形态统一且排列整齐。如果内部增加灯光照明，一定不能在墙体板材的接缝中看到漏光。

再次，最好能在模型中增加部分创新材料或创新理念，如变色灯光、遥控照明、可分解的建筑构造等。这些都能提高模型产品的商业价值。

最后，要注重模型的制作成本。现代商业模型都有一定的时效性。尽可能使用普及材料或废旧材料制作。过多的投入反而会降低市场竞争力。

优秀的模型作品能给我们带来无限的启示，是建筑模型设计与制作初学者的最好范本。

图5-13 专卖店台柜模型1

图5-14 专卖店台柜模型2

图5-15　专卖店内构模型1

图5-16　专卖店内构模型2

图5-17　专卖店内构模型3

图 5-18　专卖店内构模型 4

图 5-19　建筑外观模型 1

图 5-20　建筑外观模型 2

图 5-21　建筑外观模型 3

图 5-22　建筑外观模型 4

图 5-23　建筑外观模型 5

图 5-24　建筑外观模型 6

图5-25　建筑外观模型7

图 5-26　建筑外观模型 8

140

图 5-27　建筑规划模型 1

图5-28　建筑规划模型2

142

图 5-29　建筑内构模型

图5-30　建筑内视模型

参考文献
References

[1] 科诺,黑辛格尔. 建筑模型制作: 模型思路的激发 [M]. 2 版. 大连: 大连理工大学出版社, 2007.

[2] 奥斯瓦尔德. 建筑模型 [M]. 沈阳: 辽宁科学技术出版社, 2008.

[3] 米尔斯. 建筑模型设计: 制作和使用建筑设计模型的参考指南 [M]. 北京: 机械工业出版社, 2004.

[4] 米尔斯,李哲,肖蓉. 设计结合模型: 制作与使用建筑模型指导 [M]. 天津: 天津大学出版社, 2007.

[5] 波特. 建筑超级模型 [M]. 北京: 中国建筑工业出版社, 2002.

[6] 仓林进. 室内设计模型制作 [M]. 上海: 上海人民美术出版社, 2007.

[7] 黄源. 建筑设计与模型制作: 用模型推进设计的指导手册 [M]. 北京: 中国建筑工业出版社, 2009.

[8] 洪惠群,杨安,邬月林. 建筑模型 [M]. 北京: 中国建筑工业出版社, 2007.

[9] 郑建启,汤军. 模型制作 [M]. 北京: 高等教育出版社, 2007.

[10] 孟春芳,王子夺,丁岚. 环境模型制作 [M]. 南京: 江苏美术出版社, 2007.

[11] 褚海峰,黄鸿放,崔丽丽. 环境艺术模型制作 [M]. 合肥: 合肥工业大学出版社, 2007.

[12] 刘俊. 环境艺术模型设计与制作 [M]. 长沙: 湖南大学出版社, 2006.

[13] 朴永吉,周涛. 园林景观模型设计与制作 [M]. 北京: 机械工业出版社, 2006.

[14] 郎世奇. 建筑模型设计与制作 [M]. 北京: 中国建筑工业出版社, 2006.

[15] 严翠珍. 建筑模型: 设计·制作·分析 [M]. 哈尔滨: 黑龙江科学技术出版社, 1999.

[16] 郭红蕾,阳红,师嘉,等. 建筑模型制作: 建筑·园林·展示模型制作实例 [M]. 北京: 中国建筑工业出版社, 2007.